口絵1. 1983年12月,牡鹿半島泊浜の航空写真
黒く見える部分がアラメ群落で,水深約8mまで分布している.

口絵2. 2008年4月,同上の海域の航空写真
アラメ群落は消失.潜水調査では水深1m以浅に限定.写真では波のため見られない.

口絵3．1982年7月23日，牡鹿半島泊浜水深5mのアラメの生育状態．

口絵4．2007年7月25日，同上とまったく同じ海底で撮影した．アラメは認められず，無節サンゴモが優占する．

水産学シリーズ

160

日本水産学会監修

磯焼けの科学と修復技術

谷口和也・吾妻行雄・嵯峨直恆　編

2008・10

恒星社厚生閣

まえがき

　陸地の近く，水深50 m にも満たない範囲の岩礁海底は，面積では海洋全体の0.1 ％にも及ばないが，光合成によって生産される物質量では10 ％以上にも及ぶ．沿岸岩礁域の高い生産力を担うのはコンブ目やヒバマタ目褐藻が形成する海中林である．ダーウィンは「ビーグル号航海記」（岩波文庫版）の中で「どんな地方にせよ，一つの森林が滅びた時，ここで浮藻が滅びたとする場合に比べるほど，動物の種類がはなはだしく死滅するであろうとは信ぜられない」と海中林の豊かさに驚嘆している．

　しかし現在，地球温暖化の進行にともない世界的規模で海中林が著しく衰退・消滅し，沿岸漁業にも大きな被害が及ぶ磯焼けとなる海域が急速に拡大している．オーストラリア・タスマニア島の海中林の面積は，現在では1950年台の5 ％にまで縮小しているという．日本列島沿岸でも，海中林は低緯度ほど消滅し，形成が認められる東北・北海道沿岸でも低潮線付近まで縮小している．温帯～亜寒帯にかけて，カナダでは19世紀から知られていたウニの食害が磯焼けの進行によってさらに甚大な被害をもたらし，加えてアイゴ・イスズミ・ブダイなど熱帯～亜熱帯性の植食魚類の食害も西日本沿岸で顕在化し，海中林を破壊している．一方，海域汚染や淡水と土砂の大量流入など人間活動による海中林の破壊も無視できない．磯焼けは，人類の地球環境破壊に対する警鐘であるとともに，水産業への重大な影響が懸念される緊急事態である．

　これまで，磯焼け域に大量に生息するウニを駆除して，また囲い網でウニや魚類の侵入を防いで海中林の回復が図られてきた．しかし，ウニを駆除しても海中林が回復しない事例が多くの海域で認められるようになり，植食魚類の食害に対する対策はほとんど立てられていない．また，陸域からの人間活動による破壊的な影響は原因の特定が難しく，まったく定量化されていない．磯焼け域にウニが何故多数生息するのか，近年になって植食魚類の食害が何故顕在化したのか，かつてはウニを駆除することによって海中林は回復したのに現在では何故回復しないのか，これらの問題は磯焼けの原因を海域ごとに個別に探るだけでは決して解明できない．生物と環境との関係を認識する方法論の問題であると私たちは考える．

　私たちは，磯焼けを「産業的な現象」であると同時に「生態学的な現象」で

あると規定する（水産学シリーズ120）．したがって潮下帯岩礁域を，海藻群落を生産者とする岩礁生態系と捉え，磯焼けを無機環境の変化によって海中林から無節サンゴモ群落へ生物群集が変化することと認識し，その変動機構の解明が重要であると考える．無機環境の変化は，群集を構成する個々の種に対して異なった影響を及ぼすであろう．また無機環境は，一過性の極めて偶然性が高い変化から平均値の偏差で現される必然的な変化までを含む．それら無機環境の変化を認識し，岩礁生態系の生物群集構造の変動として磯焼けの生態学的理解を深める作業が今後とも必要となると思う．

　本書は，磯焼けの発生，磯焼けの持続，修復技術の3部からなる．磯焼けの発生機構においては，海洋物理学の最新の知見にもとづいて海況変動予測を行う一方，海中林の消滅と回復に関わる無機環境要因を生理生態学的に検討して栄養塩の重要性を指摘する．また，海中林と無節サンゴモが生存戦略として化学物質によってウニの発生を相互に制御する最新の知見を紹介する．磯焼けの持続機構に関しては，海藻群落と対応するウニおよび植食魚類の生活史と生活年周期に関する最新の知見および陸域の開発による海域への濁水の流入による海中林崩壊の事例をともに初めて紹介する．海中林の修復技術においては，磯焼けの研究と修復技術の歴史から生態学的理解の重要性を論じ，新しい知見にもとづく磯焼け診断の方法を提案する．また，磯焼けの原因を海中林成立条件と環境との比較によって論じ，地球温暖化の事態を前提とする新しい海中林修復技術を提案する．本書が岩礁生態学を構築し，沿岸漁業の発展に寄与できることを心から願っている．

　シンポジウムの開催と本書を上梓するにあたり多くの方々のお力添えをいただいた．水産庁の中前　明次長，北海道の高橋はるみ知事，大会委員長の北海道大学大学院の原　彰彦研究院長からはご後援と温かい励ましのお言葉を賜った．また，北海道羽幌町，留萌市，増毛町，石狩市，小樽市，余市町，古平町，積丹町，神恵内村，泊村，岩内町，寿都町，島牧村，せたな町，乙部町，江差町，上ノ国町，奥尻町，ひやま漁業協同組合，松前町，福島町，知内町，木古内町，北斗市，函館市，八雲町の皆さんからは篤いご後援をいただいた．ここに記して，私たちの深い感謝の気持ちを表す．

　　平成20年7月

　　　　　　　　　　　　　　　　　　　谷口和也・吾妻行雄・嵯峨直恆

磯焼けの科学と修復技術　目次

まえがき ……………………………………（谷口和也・吾妻行雄・嵯峨直恆）

I．磯焼けの発生機構

1章　黒潮の流型変動が本州南岸の沿岸環境へ及ぼす影響 ………………（秋山秀樹・清水　学）…………9

§1．黒潮の流型変動（9）　§2．黒潮の流型変動の予測可能性（15）　§3．地球温暖化の影響（18）　§4．今後の課題（19）

2章　三陸・常磐沿岸域における海洋環境変動 ……………………………………………（平井光行）…………22

§1．海面水温の長期変動（23）　§2．三陸・常磐沿岸の黒潮・親潮の動態（24）　§3．三陸・常磐沿岸域の水温変動と親潮（26）　§4．親潮の変動と大気変動（30）　§5．今後の課題（31）

3章　海中林の形成に及ぼす環境の影響 ………………………（成田美智子・吾妻行雄・荒川久幸）…………34

§1．春～夏：アラメの成長と成熟（34）　§2．夏～秋：アラメ・カジメの生存と流速（36）　§3．夏～秋：カジメの生存と成長（38）　§4．冬～春：マコンブの成長（43）　§5．今後の課題（47）

4章　植食動物の発生と海藻群落との関係 ………………………………（李　景玉・吾妻行雄）…………49

§1．無節サンゴモによるウニ幼生の変態誘起（49）　§2．海中林のウニ・アワビ幼生の変態阻害（54）

§3. 化学交信物質を介した海藻－植食動物の種間関係 (57)

II. 磯焼けの持続機構
5章 ウニの生殖周期と海藻群落への摂食活動
....(吾妻行雄)...........61
§1. コンブ目褐藻群落 (62)　§2. ヒバマタ目褐藻群落 (63)　§3. 小形海藻群落 (64)　§4. ウニの摂食圧と磯焼けの持続 (65)　§5. 今後の課題 (66)

6章 植食魚類の移動および行動生態 ....(山口敦子)...........70
§1. 長崎県で見られる植食魚類 (70)　§2. 植食魚類の行動生態 (71)　§3. 今後の生態研究とその方向性 (78)

7章 濁水の流入による磯焼けの発生と持続
....(荒川久幸・吾妻行雄)...........81
§1. 海中林造成試験 (82)　§2. 海洋環境の影響 (86)　§3. 和歌山県西岸の濁水および海底堆積粒子の性質と起源 (88)　§4. 海中懸濁粒子および堆積粒子の海藻群落への影響評価 (90)　§5. 和歌山県西岸における遷移の妨害要因 (91)

III. 磯焼けの修復技術
8章 磯焼けの研究と修復技術の歴史
....(關　哲夫・谷口和也)...........93
§1. 磯焼けの現状と研究取りまとめのねらい (93)
§2. 磯焼け研究の進展と歴史的な認識の変遷 (94)
§3. 藻場・海中林の修復技術 (102)　§4. 今後に残された課題 (103)

9章　サイクリック遷移にもとづく磯焼け診断の方法
　　　　　　………………………………（中林信康・吾妻行雄）………*107*
　　§1．ヒバマタ目褐藻を極相とする遷移の進行系列（*107*）
　　§2．ウニの成長，生殖巣の発達と海藻群落の遷移相との
　　関係（*110*）　　§3．磯焼け診断の方法（*117*）

10章　磯焼けの原因と修復技術
　　　　　　………（谷口和也・成田美智子・中林信康・吾妻行雄）………*123*
　　§1．海中林の成立条件（*124*）　　§2．磯焼けの原因（*126*）
　　§3．海中林の修復技術（*130*）

Science and Restoration Technology of Marine Deforestation "Isoyake"

Edited by Kazuya Taniguchi, Yukio Agatsuma, and Naotsune Saga

Preface　　　　　Kazuya Taniguchi, Yukio Agatsuma, and Naotsune Saga

I. Outbreak mechanism of "Isoyake"
  1. Effects on coastal environment induced by the variation of the Kuroshio in the south of Honshu, Japan
     　　　　　　　　　Hideki Akiyama and Manabu Shimizu
  2. Hydrographic fluctuations in the coastal water off Sanriku-Joban, Japan　　　　　　　　　Mitsuyuki Hirai
  3. Effect of environmental factors on growth of marine forest
     　　　　Michiko Narita, Yukio Agatsuma and Hisayuki Arakawa
  4. Larval settlement and metamorphosis of sea urchin and abalone associated with algal communities
     　　　　　　　　　Jing-Yu Li and Yukio Agatsuma

II. Sustainable mechanism of "Isoyake"
  5. Sea urchin reproduction and grazing activity to marine algal communities　　　　　　　　　Yukio Agatsuma
  6. Behavior and migration of herbivorous fish　　　Atsuko Yamaguchi
  7. Influence of turbid seawater and seabed sediment on "Isoyake"
     　　　　　　　Hisayuki Arakawa and Yukio Agatsuma

III. Restoration of "Isoyake"
  8. History of research and restoration technology of "Isoyake"
     　　　　　　　　Tetsuo Seki and Kazuya Taniguchi
  9. Method evaluating marine algal communities from cyclic succession　　　Nobuyasu Nakabayashi and Yukio Agatsuma
  10. Cause of "Isoyake" and afforestation technology
      　　　　　　　　Kazuya Taniguchi, Michiko Narita,
      　　　　　　Nobuyasu Nakabayashi and Yukio Agatsuma

I. 磯焼けの発生機構

1章　黒潮の流型変動が本州南岸の沿岸環境へ及ぼす影響

秋山秀樹[*1]・清水　学[*2]

　本州南岸の磯焼け現象については，谷口・長谷川[1]がその実態と発生要因の概略を示している．それによると，静岡県の伊豆半島東岸では，遠州灘沖で黒潮が大蛇行することによって黒潮系の暖水が陸岸へ頻繁に波及するようになり，その結果沿岸域の水温が上昇し，磯焼け現象が起きることが示されている．このように，黒潮の流型変動は本州南岸の沿岸域の海洋環境に大きく影響している．

　本州南岸で磯焼けを引き起こす主たる要因の1つに黒潮の流型変動が深く係わっていて，相互の因果関係が明瞭であるならば，黒潮の流型変動の物理機構や変動特性をきちんと把握することによって，磯焼けの発生する時期やその規模などを予測することができるのではないかと考えられる．現在のように，地球温暖化が顕在化してきているとき，海洋環境の変動特性から水産生物量の変化を推定することができれば，水産業としても対応策を検討する上で重要な情報となり得る．

　本章では，まず黒潮の流型とその変動の特徴，および本州南岸の沿岸域の水温変化について解説する．次に，既往の知見を整理し，黒潮の流型変動の予測可能性と地球温暖化の影響による黒潮流路の変化について検討する．最後に，今後の課題について触れる．

§1. 黒潮の流型変動

1・1　流型の分類

　本州南岸の黒潮は，穏やかな川のように流れているのではなく，時間ととも

[*1] 中央水産研究所（現，西海区水産研究所）
[*2] 中央水産研究所

に，また空間的にも，とても変動性に富んだ動きを呈している．

紀伊半島沖〜房総半島沖の黒潮の流型（上空から見た流れのパターン）は5種類（A，B，C，D，N型）に分類される（図1・1）[2]．この海域を陸岸とほぼ並行に流れるN型（直進）流路と，北緯32°以南まで下がり伊豆列島線の西側を北上するA型（大蛇行）流路がよく知られている．その他，A型流路より蛇行の規模が小さく，北緯32°以北で蛇行する流路をB型流路，北緯32°以北で伊豆諸島海域をまたいで蛇行する流路をC型流路，そして伊豆諸島海域の東側に蛇行があるものをD型流路と呼んでいる[3]．

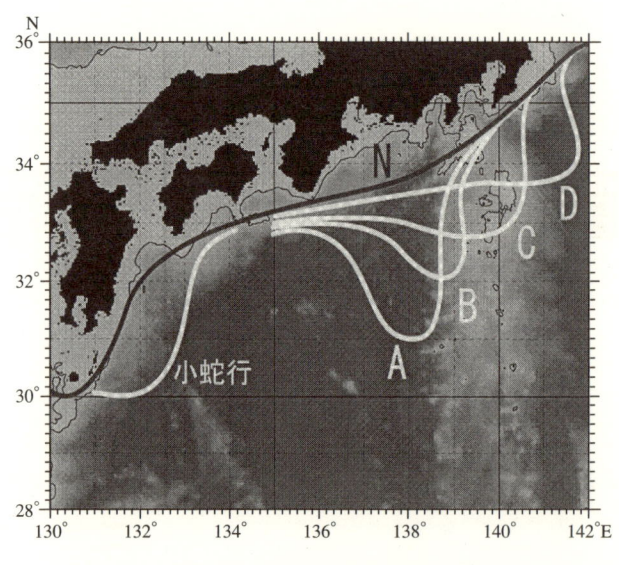

図1・1　本州南岸における黒潮の流型と小蛇行

一方，気象庁では，本州南岸を流れる黒潮を2種類の安定した流路パターンに分類している[4]．1つは遠州灘沖で南へ大きく蛇行して流れる「大蛇行型」流路，もう1つは本州南岸に沿って流れる「非大蛇行型」流路である．「非大蛇行型」流路はさらに，遠州灘から関東近海で小さく蛇行する「離岸型」と，本州南岸近くを直進する「接岸型」に分けられている．

海上保安庁と気象庁の分類を対比すると，A型＝大蛇行型，C型＝非大蛇行・離岸型，N型＝非大蛇行・接岸型となる．なお，上記二官庁に水産庁と水

産総合研究センターが加わり，黒潮大蛇行に関して共通認識をもつため，きちんとした判定基準が設けられた[5]．

1・2 流型変動の特徴

本州南岸における黒潮の流型（A，B，C，D，N型）の変動特性を把握するため，流型を半月ごとに記号を付けて分類したものを図1・2[2]に示す．

西暦(年号)	1月	2月	3月	4月	5月	6月	7月	8月	9月	10月	11月	12月
1965(昭40)	D C	N N	N N	N N	N N	B B	B B	C D	C D	D N	N N	N N
1966	N N	C C	C C	C B	B B	B D	D B	N D	N N	N N	N N	B B
1967	D D	C N	N N	N N	N N	N N	B B	B N	B B	N N	N N	N N
1968	N C	C C	C C	C C	C N	N N	N N	N N	N N	N N	N N	N N
1969	D N	N N	N N	D D	B B	B B	C C	B B	B B	C B	C C	D C
1970(昭45)	C C	C C	C C	C D	D D	N N	N N	N N	N N	N N	B C	D D
1971	C C	C C	C C	C C	C C	D D	N N	N N	B B	B D	C N	N N
1972	N N	N N	N D	N N	N N	N N	N N	N N	N N	N N	N B	C C
1973	N B	N N	N C	N N	N N	N N	N N	N N	N N	N N	N N	N N
1974	N N	N N	N N	N N	N N	B B	B B	B D	N N	N N	N N	N N
1975(昭50)	N N	D D	D N	N N	N N	N N	N N	N A	B B	B B	B A	A A
1976	A A	A A	A A	A A	A A	A A	A A	A A	A A	A A	A A	A A
1977	A A	A A	A A	A A	A A	A A	N A	A A	A A	A A	A A	A A
1978	A A	A A	A A	A A	A A	A A	A A	A A	A A	A A	A A	A A
1979	A A	A A	A A	A A	A A	A A	B B	B B	B B	B B	B B	B B
1980(昭55)	B B	B B	B C	C C	C C	D C	C C	C N	N N	N N	N N	N B
1981	B B	B B	B C	B B	B B	B D	D D	N N	N N	N B	B C	C C
1982	C C	C C	C B	B B	B C	C C	C C	B B	B B	B B	B C	C C
1983	C B	C C	C C	C B	B B	B B	C C	C C	B C	C B	C B	B B
1984	C C	C C	C C	C C	C C	C C	C C	C C	C C	N C	C C	C C
1985(昭60)	C C	B B	C C	C C	C B	B C	C C	C C	C C	N N	C N	C C D
1986	N N	N CD	WC C	C C	C C	N N	N C	N N	N N	N C	N N	N A A
1987	A A	A A	A A	A A	A A	A A	A A	A A	A A	A A	A A	A A
1988	B B	B C	B C	C C	C C	C C	C C	C C	C C	C C	N C	C CD
1989(平1)	B C	C C	C DW	C N	N N	N N	N N	N N	N N	N DN	B A	A A
1990(平2)	A A	A A	A A	A A	A A	A A	A A	A A	A A	A AC	C C	C CD
1991	C C	C C	N N	N N	C C	C CD	C C	C C	C C	C D	N N	N N N
1992	C DC	N N	N N	BD N	N N	BC C	C C	C C	N N	N NC	C N	N N
1993	N N	N N	B B	BC C	C C	C C	C C	C C	N B	C N	N N	N N
1994	B C	D N	N N	C C	N N	N N	B BN	N N	N N	N N	N N	N N
1995(平7)	N N	N N	N N	B B	B C	C C	D D	N N	N N	N N	BC C	CD
1996	C D	C D	N N	N N	N N	N N	N N	N N	N N	N N	B C	D N
1997	N D	D D	D C	C CW	D ND	N D	C CNC	D W	N C	D N	N N	B C
1998	D C	N N	N D	N NW	N N	N NB	B B	C C	C C	N BC	C C	C C
1999	CW W	WB C	C B	BC CW	WB C	C C	N N	N N	N N	N BN	B B	BC C
2000(平12)	C C	CW W	W WB	B BC	CW WB	C C	C C	C C	C C	C C	CW CW	CB B
2001	C C	C C	C C	C C	C W	B C	C C	C C	C WB	BC C	C CD	DW WD DN C
2002	N N	N N	N N	N N	N N	N NB	N N	N N	N N	N N	N N	N N
2003	N N	N N	N N	N D	NW WN	B BC	N N	N N	N N	N N	N N	N N
2004	N N	N N	N N	N N	N N	N N	N NA	A A	A A	A A	A A	A A
2005(平17)	A A	A A	A A	A A	A A	A A	C C	C C	C WC	C WN	N N	N C
2006	N N	N BC	C D	N N	N N	N N	N N	N BC	C C	C D	N N	N N
2007	N W	D B	B BC	C C	C C	C W	N N	NB				

図1・2 本州南岸における黒潮の流型変化

これを見ると，A型流路とN型流路は比較的継続性があり，一度その流型が形成されると概ね1年以上継続する場合が多いが，B，C，D型流路は短期的に変化していることがわかる．流型の変化の傾向としては，A型流路が形成されるときはN→A型流路へ移行し，A型流路が解消するときはC→D→N型流路へ移行する場合が多いようである．

　長期的な変動傾向として，黒潮は1965～1975年の間は非大蛇行型の流路が卓越していたが，1975～1990年の間は大蛇行型の流路が頻繁に発生していたこと，1990年代は非大蛇行型の流路が継続したこともわかる．なお，2004年7月下旬に黒潮が13年ぶりに安定したA型（大蛇行）流路となり，2005年8月まで1年2ヶ月間継続したことは記憶に新しい．

　一方，九州南東沖で黒潮が沖合へ向かって大きく離岸すると，小蛇行が形成されることがある．また，この九州南東沖で発生した小蛇行が数ヶ月かけて規模を拡大しながら四国沖をゆっくりと東進し，潮岬沖を通過すると，遠州灘沖で黒潮が大蛇行することがある．ただし，九州南東沖で発生した小蛇行が全て大蛇行に発達するわけではない．小蛇行の大半はあまり空間規模が発達せず，1～2ヶ月の比較的短い時間で潮岬沖に到達し，遠州灘沖で黒潮に多少の離接岸変動を与えた後消滅する．また，一部は潮岬沖に到達する前に消滅することもある．黒潮の小蛇行の発生原因については，北緯30°付近を黒潮続流域から西進してきた中規模渦（直径数百km）が本州南岸沖で黒潮と相互作用して発生するという説（図1・3 [6]参照）や，トカラ海峡付近で黒潮流速が増加することによって発生するという説[7]などが考えられている．

　このように，本州南岸の黒潮の流路変動は，潮岬を境にして，その東西で変動の様子が明瞭に異なる．潮岬以西では小蛇行の発生・東進が，同岬以東では（大）蛇行の有無が黒潮の離接岸変動に大きく影響している．

1・3　沿岸環境への影響

　本州南岸では黒潮の流型が変化すると，沿岸域の潮位と水温が大きく変動することが知られている．久野・藤田[8]によると，東海地方沿岸の潮位と水温は黒潮大蛇行が発生すると上昇することが知られていて，水温の上昇が大きいほど，平均的な潮位の上昇幅も大きくなることが明らかになっている．気象庁が久野・藤田[8]の方法に準拠して求めた黒潮流路と東海地方沿岸の水温との関係

1章 黒潮の流型変動が本州南岸の沿岸環境へ及ぼす影響 13

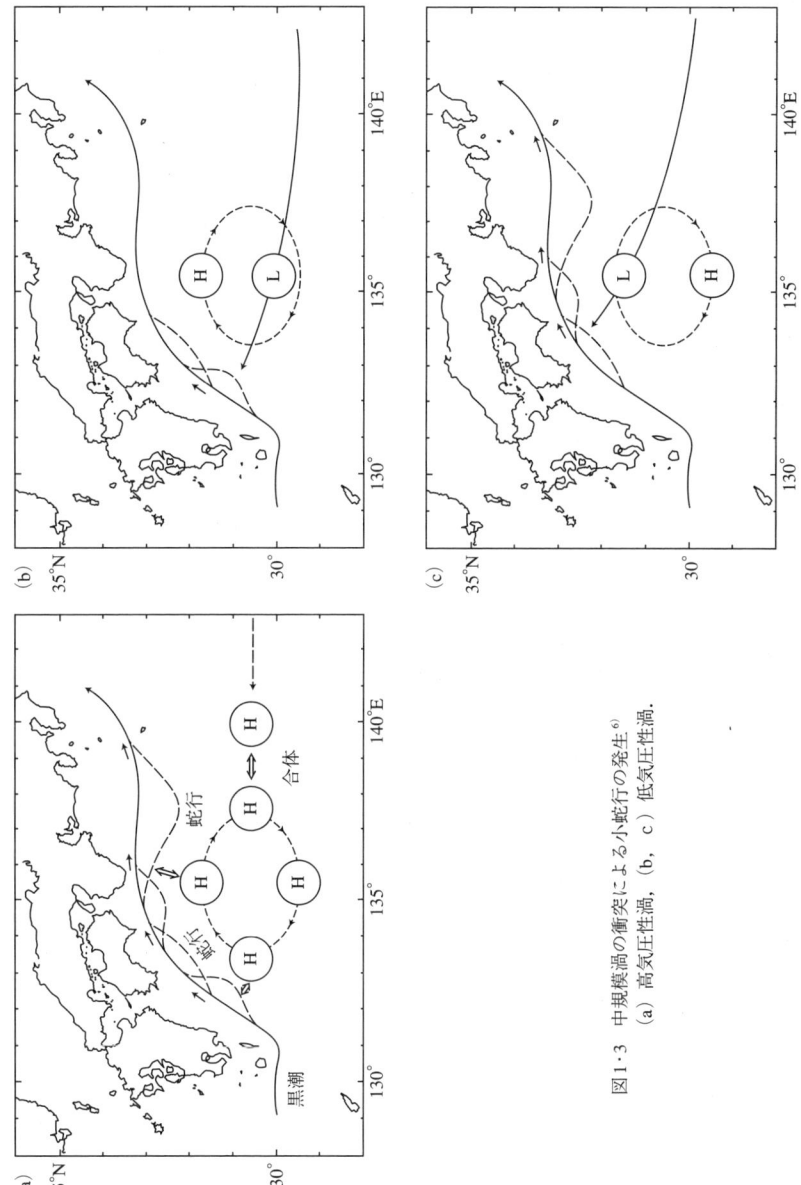

図1・3 中規模渦の衝突による小蛇行の発生[6]
(a) 高気圧性渦, (b, c) 低気圧性渦.

(図1・4 [4])を見ると，高水温の時期は黒潮が大蛇行した時期（縦棒の陰影箇所）と概ね一致していること，1975～1980年の大蛇行期間に特に水温が高かったことがわかる．黒潮大蛇行は解析期間中5回発生しているが，いずれも大

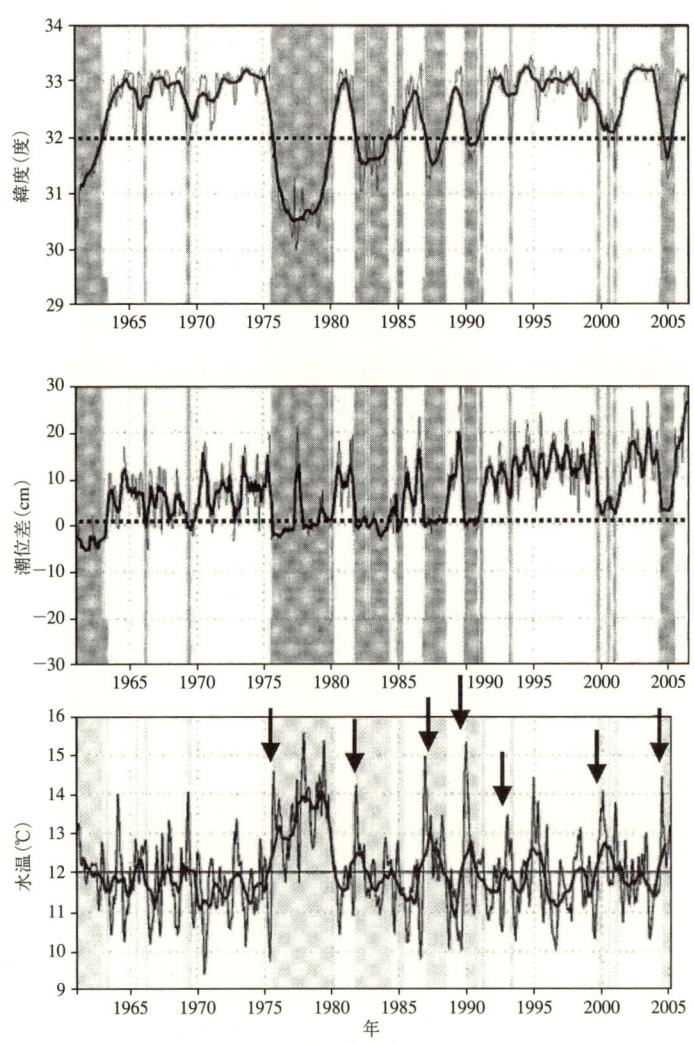

図1・4　東海沖における黒潮流軸の最南下緯度（上）と串本と浦神の潮位差（中），東海地方沿岸（34～34.5°N，137～138°E）での深さ200mにおける水温（下）の経年変動[4]

蛇行が定在化する数ヶ月前から沿岸水温が上昇し始め（図中の↓印），大蛇行が定在化した時期に沿岸水温の極大値が現れている．この結果から，東海地方沿岸の水温は，黒潮流路がA型（大蛇行）流路に移行する過程の比較的初期段階で大きく上昇すると考えられる．

本報告のはじめに紹介した静岡県伊豆半島東岸の磯焼け現象[1]は，正にこの変遷過程と同じ時期に発生していて，黒潮の流型変動が沿岸の漁場環境に直接影響している証拠と捉えることができる．

§2. 黒潮の流型変動の予測可能性

2・1 短期変動

最近では複数の研究機関で，数値シミュレーションを使った海況予測モデルが運用されている．われわれ，独立行政法人水産総合研究センター（水研センター）でも独立行政法人海洋研究開発機構（JAMSTEC）と共同で開発した「太平洋および我が国周辺の海況予測モデル（FRA-JCOPE）」[9]を使って，わが国周辺水域のうち太平洋域における海洋の現況図と2ヶ月先までの予測図を提供している．本システムの主たる目標は，水産生物の資源管理の推進と資源変動要因の解明のための基盤情報を提供することである．

本州南岸の黒潮水域（鹿児島県～千葉県）は水産業関係試験研究機関では「中央ブロック」と呼ばれていて，水産庁委託の「資源評価調査事業」および「資源評価広報等指導事業」の一環として長期漁海況予報会議を開催している．その中の海況分科会では，3～6ヶ月を予報期間として年3回（7月，12月，3月）黒潮の流型変動に関する海況予報を公表している[10]．今までは経験則に基づく海況予報であったが，2007年度からは，海況予測モデルFRA-JCOPEの結果（図1・5参照）も参照しながら海況予報の精度向上に努めている．最近1年間のFRA-JCOPEによる海況予報結果を見る限りでは，約1ヶ月先までの黒潮の流型変動はかなり高い確率で予報することができている．従来の経験則と併せると，2～3ヶ月程度先までの黒潮の流型変動を正確に予報することが可能になりつつあるのが現状である．

2・2 長期変動

黒潮の流量変動の要因を調べた研究成果から，黒潮の長期変動の予測可能性

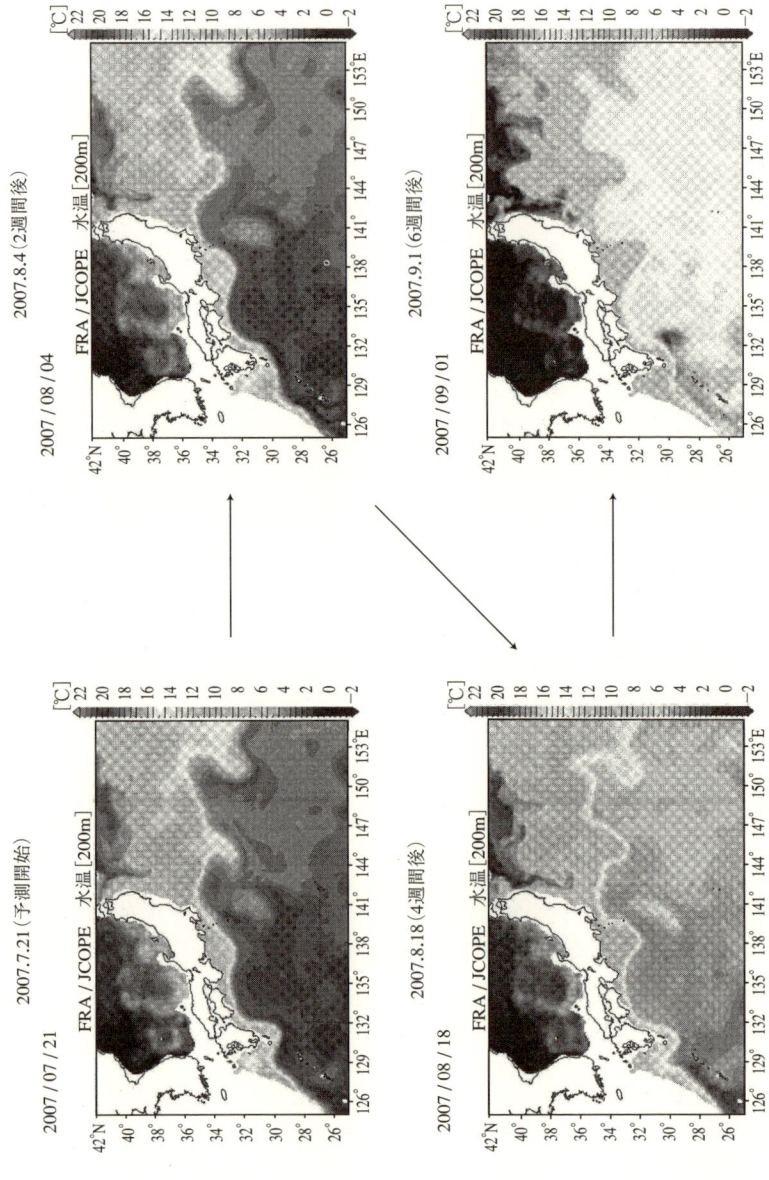

図1・5 海況予測モデルFRA-JCOPEによる黒潮流路の予測例（2007年7月21日〜9月1日）

に関する情報を引き出すことができる．Hanawa and Kamada [11] は，黒潮流量の長周期変動とアリューシャン低気圧の強度を表す北太平洋指数の長周期変動との間には高い相関があり，黒潮の流量変動が北太平洋指数の変動に約5年遅れで追随していることを明らかにした．Yasuda and Kitamura [12] による数値モデル再現実験でも，日本南方の黒潮の流量変動と北太平洋中央部（北緯25〜35°，東経170°〜西経170°）の風の変動とが約3年遅れで相関が高いことが示されている．また，和方ら [13] は，日本南方の黒潮の流量変動を北太平洋上の風の変動と比較し，日本南方の黒潮の流量変動が北太平洋上の風の変動に対して約4年遅れていることを明らかにした．

これらの研究成果を総括すると，北太平洋中央部における風の変動が亜熱帯循環流系の長期変動を引き起こしていて，黒潮の流量の変動は北太平洋中央部の風の変動によって生じた海洋の内部構造の変動が3〜5年かけて西に伝わることで生じている可能性が高い（図1・6 [14] 参照）．このことは，北太平洋中央

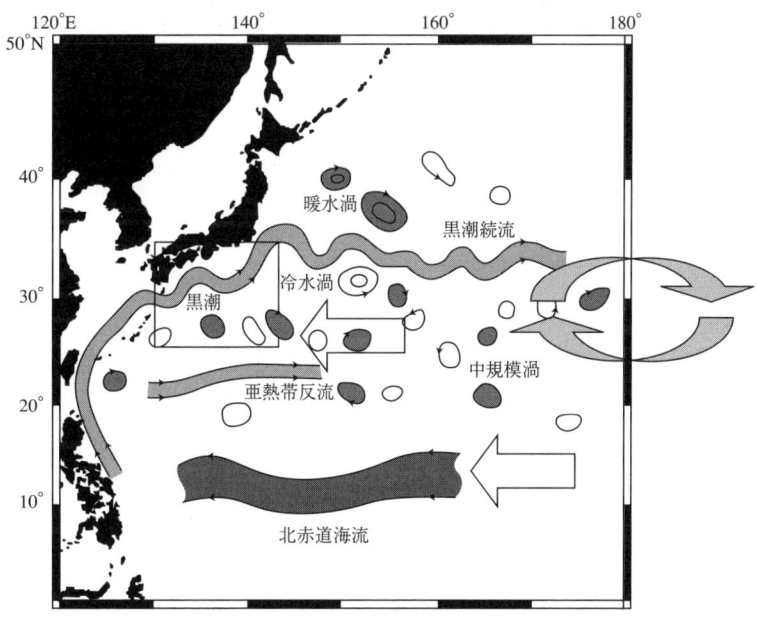

図1・6　黒潮に変動を引き起こす要因の模式図（参照：九州大学応用力学研究所－黒潮変動予測実験 [14]，一部改変）

部の風の長期変動傾向を把握すれば，数年後の黒潮の変動をある程度予想することができることを示唆するものである．

§3．地球温暖化の影響

近年，世界的に地球温暖化の影響に伴う高水温化が注目されている．気象庁の解析によると，日本近海でも海面水温の高温化が顕著に現れている（図1・7）[15)]．本州南岸の海域である関東の東や四国・東海沖北部では日本の気温の上昇率（＋1.1℃/100年）と同程度となっていることがわかる．

本州南岸の水温の長期変動傾向としては，海面水温だけでなく，亜表層の水温も上昇傾向にあることが各都県の水産業関係試験研究機関による地先海域の

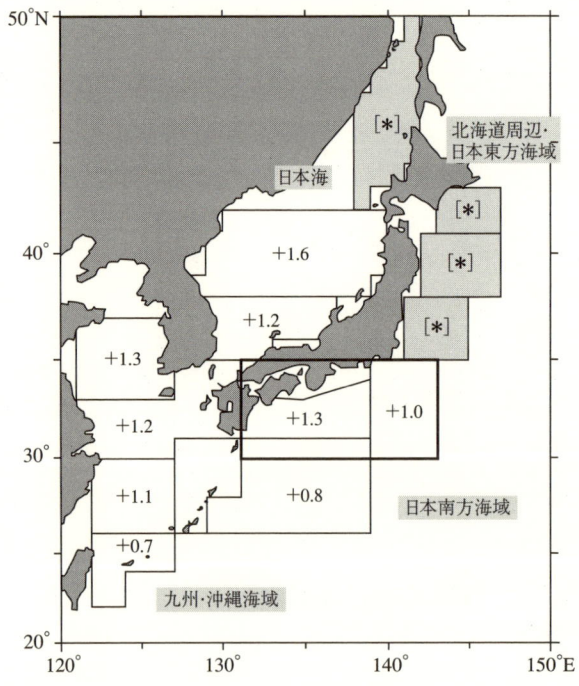

図1・7 日本近海の海域平均海面水温（年平均）の長期変化傾向（℃/100年）
＊は統計的に有意な長期変化傾向が見出せなかったことを示す．（出典：気象庁[15)]）

沿岸定線調査結果の解析から明らかにされつつある．沿岸域における水温の上昇傾向としては，夏季の海面水温と秋〜冬季の亜表層水温の上昇が顕著である．これらは，それぞれ夏季の成層強化（光の遮断効果，下層水温の低下）と冬季の高温化を引き起こす可能性が強い．

特に，冬季の高温化は，本州南岸では水産生物の分布様式に変化を引き起こしつつあることがわかってきている．黒潮によって南方から輸送されてくる水産生物が，従来は冬季の水温低下に伴って死滅していたものが，越年することができるようになってきているばかりでなく，沿岸域で再生産している水産生物まで現れ始めているのである．

一方，黒潮自体に関する情報としては，地球温暖化の影響で北太平洋の風の場が強まり，亜熱帯循環系が加速され，それに伴って黒潮も今より加速される可能性が高いことがわかってきた[16]．本州南岸における黒潮の流路パターン自体はそれ程変化しないようであるが，流速が速くなることによって流型変動にも微妙な変化が生じてくることが考えられる．また，黒潮の流速が速くなることにより，南方系の水産生物の生息域が広範囲に拡大することも考えられる．従来，黒潮によって運ばれ日本周辺海域へ漂着していた南方系の水産生物が，より速く，より遠くへ輸送される結果，本州南岸の潮岬以東の沿岸域や常磐海域などに分布域を広げたり，また九州西方でも分岐流によって輸送され，九州西岸域一帯に分布するようになる可能性も十分考えられる．

§4．今後の課題

黒潮の流型とその変動の特徴について述べるとともに，黒潮の流型変化が本州南岸の沿岸環境へ及ぼす影響について具体的な事例を紹介した．本州南岸における磯焼け現象の要因の1つとして，黒潮の流型変動の実態を把握できたのではないかと考える．

黒潮の流型変動の予測可能性について，現段階における知見を整理してみた．本州南岸（特に，伊豆半島南部）では，A型（大蛇行）流路に代表されるような黒潮の蛇行が発生し，それが継続すると磯焼けが顕著となる[1]．この磯焼けと黒潮流型との基本的な因果関係に基づくと，黒潮の長期変動の予測が可能になると，磯焼けの発生しそうな時期，およびその期間や規模がある程度推測で

きるのではないかと考えられる．今後，本州南岸における磯焼けなど水産生物種の変動予測につながるような物理－生物分野間の連携が推進されることを期待したい．

　一方，沿岸域の高温化は海中林の生育環境に影響するとともに，岩礁生態系では植食魚類の分布域の拡大の要因ともなり得る．日本周辺海域における磯焼けの現状把握が十分に達成されつつあることもあり，今後は定量的な温暖化の影響評価が行われ，具体的な適応策が見いだされるとともに，現在確立されつつある修復技術が完成し，普及することを大いに期待したい．

文　献

1) 谷口和也・長谷川雅俊：磯焼け対策の課題．磯焼けの機構と藻場修復（谷口和也編），恒星社厚生閣，1999, pp.25-37.
2) 水産庁増殖推進部・水産総合研究センター：我が国周辺水域における海況の特徴と長期変動．水産庁増殖推進部，2008，21pp.
3) 海上保安庁海洋情報部：黒潮の型．海洋速報&海流推測図，Web公開資料：http://www1.kaiho.mlit.go.jp/KANKYO/KAIYO/qboc/exp/Kuroshio_type.html, 2008.
4) 気象庁：黒潮．海洋の健康診断，Web公開資料：http://www.data.kishou.go.jp/kaiyou/db/kaikyo/knowledge/kuroshio.html, 2008.
5) 吉田　隆・下平保直・林王弘道・横内克巳・秋山秀樹：黒潮の流路情報をもとに黒潮大蛇行を判定する基準．海の研究, 15, pp.499-507（2006）.
6) N. Ebuchi and K. Hanawa : Influence of mesoscale eddies on variations of the Kuroshio path south of Japan. *J. Oceanogr.*, 59, 25-36 (2003).
7) M. Kawabe : Variations of current path, velocity, and volume transport of the Kuroshio in relation with the Large Meander. *J. Phys. Oceanogr.*, 25, 3103-3117 (1995).
8) 久野正博・藤田弘一：熊野灘および伊勢湾における潮位変動と海況変動．海と空, 79, 31-37 (2003).
9) 水産総合研究センター：太平洋および我が国周辺の海況予測モデルFRA-JCOPE, Web公開資料：http://ben.nrifs.affrc.go.jp/, 2008.
10) 中央水産研究所：中央ブロック海況予報．中央ブロック長期漁海況予報, 134, 4-17 (2008).
11) K. Hanawa, and J. Kamada : Variability of core layer temperature (CLT) of the North Pacific subtropical mode water. *Geophys. Res. Letters*, 28, 2229-2232 (2001).
12) T. Yasuda and Y. Kitamura : Long-term variability of North Pacific subtropical mode water in response to spin-Up of the subtropical gyre. *J. Oceanogr.*, 59, 279-290 (2003).
13) 和方吉信・田中　潔・内田　裕・池田元美・瀬藤　聡・吉成浩志：日本南岸および東シナ海における黒潮流量の経年変化．月刊海洋, 号外37, 56-82 (2004).
14) 九州大学応用力学研究所：海洋大気力学部門海洋渦動力学分野，Web公開資料：http://www.riam.kyushu-u.ac.jp/oed/j/index-j2.html, 2008.

15) 気象庁：海面水温の長期変化傾向（日本近海）．海洋の健康診断，Web公開資料：http://www.data.kishou.go.jp/kaiyou/shindan/a_1/japan_warm/japan_warm.html, 2008.
16) T. Sakamoto, H. Hasumi, M. Ishii, S. Emori, T. Suzuki, T. Nishimura and A. Sumi：Response of the Kuroshio and the Kuroshio Extension to global warming in a high-resolution climate model. Geophys. *Res. Letters*, **32**, L14617, doi:10.1029/2005GL023384,（2005）．

2章　三陸・常磐沿岸域における海洋環境変動

平　井　光　行[*1]

　日本沿岸域では磯焼け域の拡大が懸念されている[1]．磯焼けは，岩礁生態系における海藻群落のサイクリックな遷移の一過程であり，海中林が著しく縮小した現象と定義される[2]．磯焼けの発生や持続要因として，気象・海況変動，藻食動物の摂餌圧，人為的影響などがあげられているが，水温の高低や栄養塩濃度の多寡を生起する海況変動が遷移の引き金となることが指摘されている[2]．

　三陸・常磐沿岸域における磯焼け現象は，コンブ，ワカメの生産量やそれらの消費者としてのウニ，アワビの生産量と密接に関連しているため，これらの生産量や生残過程と海況変動との関係を解析した例は多い．宮城県の天然コンブ漁獲量と牡鹿半島江ノ島の4月水温との相関関係は，低水温年に豊漁傾向を示し，適水温期間が長くなり親潮の影響を受けて栄養塩が豊富になるためと考えられている[3]．親潮第1分枝が3～7月に南下し常磐沿岸域が低温となる年には，アラメの加入量が多いことが報告されている[4]．津軽海峡では，冬春季の親潮系水の流入が天然コンブの幼胞子体の生育にとって良好な環境をもたらすことが示唆されている[5]．さらに，岩手県門之浜湾のエゾアワビ当歳貝の瞬間死亡率は年によって大きく変動し，2～3月における生息場所の最低水温と強い負の相関が認められることが報告されている[*2]．

　本章では，磯焼けの発生・持続要因を物理環境から明らかにするため，三陸・常磐沿岸域の海洋環境変動，特に親潮や黒潮続流の動態および沿岸域の水温変動について，近年における知見を整理した．コンブ，アラメ，カジメなどの海藻は冬春季に成長することから，冬春季の海洋環境変動に焦点を当てた．

[*1] 中央水産研究所
[*2] 髙見秀輝・野呂忠勝・武蔵達也・西洞孝広・遠藤　敬・押野明夫・佐々木良・深澤博達・元　南一・河村知彦，エゾアワビの初期生残過程と減耗要因，平成19年度日本水産学会講要．pp.182.

§1. 海面水温の長期変動

温暖化の進行と海洋生態系に及ぼす影響が懸念されている．IPCC第4次評価報告書[6]によると，気候システムの温暖化には疑う余地がなく，大気や海洋の世界平均温度の上昇，雪氷の広範囲にわたる融解，世界平均海面水位の上昇が観測されていることから今や明白である．実際，過去100年間（1906～2005年）の地上気温の線形の昇温傾向は100年当たり0.74（0.56～0.92）℃と報告されている．また，全球の年平均海面水温[7]をみると，長期的には100年あたり0.50℃の割合で上昇しており，特に1990年代後半からは長期的な傾向を上回って高温となる年が頻出している．

太平洋では，約20年周期で大気と海洋が連動して起きる変動が卓越しており，PDO（Pacific Decadal Oscillation：太平洋十年規模振動）[8]と呼ばれている．米国西岸沖～東部太平洋赤道域の水温場と北太平洋中央部の水温場が，シーソーのようにゆっくりと逆の変動を示すパターンである．冬季（12～2月）のPDO[9]とアリューシャン低気圧の強弱を表すNPI（North Pacific Index：北太平洋指数）[10]の時系列を図2・1に示す．PDOは1920年代に負から正へ，1940年代に正から負へ，1970年代末に負から正へ，1980年代末に再び負に

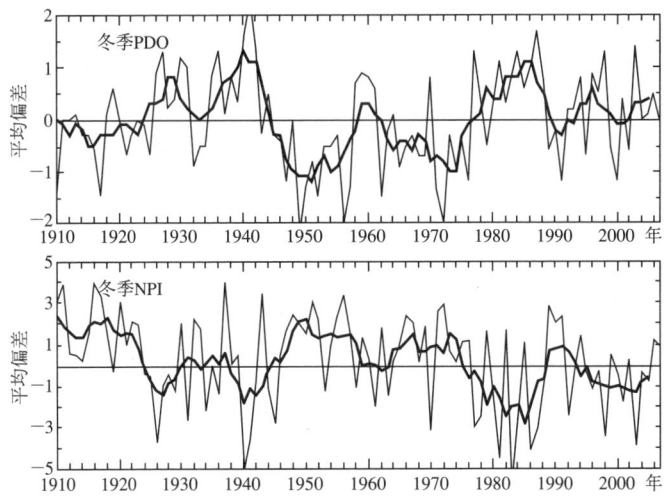

図2・1 冬季太平洋十年規模振動（PDO）と冬季北太平洋指数（NPI）の時系列
図中の太線は5年間の移動平均を示す．

なった後，1990年代半ばから概ね正の値で推移している．北太平洋中央部の海面水温が低いとき（PDOが正）には，上空のアリューシャン低気圧と偏西風が強く，北太平洋東部では南風が強くなっている．しかし，2000年以降は，PDOには明瞭な変化傾向が見られない．このような海面水温の10年～数十年変動は全球で認められ[11]，大気－海洋変動から漁業資源変動や生態系変動に及ぶレジーム・シフトとの関係が焦点となっている．しかし，10年～数十年変動のメカニズムについては複数の仮説が論議されているのが現状である[12]．

日本周辺海域における約100年間の海面水温の長期的変化傾向[7]は，海域によって異なる．九州・沖縄海域，日本海中部・南部，日本南方海域における，2007年までのおよそ100年間にわたる海域平均海面水温（年平均）の上昇率は，＋0.7～＋1.7℃/100年で，全球平均の海面水温上昇率よりも大きな値となっている．他方，北海道周辺，日本東方海域，日本海北東部では，海域平均海面水温（年平均）に統計的に有意な長期変化傾向は見出せない．この結果と関連して，青森県～茨城県における定線観測結果の長期変動解析結果では，1960年以降の100 m深水温の長期変動には温暖化と解釈できる有意な上昇トレンドは検出されず，むしろ有意な低温化傾向を示した海域も見られた[13-16]．PDOでも述べたように，これらの海域では10年から数十年程度の時間規模での変動振幅が大きいため，海面水温に統計的に有意な上昇トレンドは見出せない．

このように，三陸・常磐沿岸を含む日本東方海域における約100年間の海面水温変動では，温暖化による上昇トレンドは明確ではなく，10年～数十年変動の振幅が顕著に現れるという特徴がある．

§2. 三陸・常磐沿岸の黒潮・親潮の動態

三陸・常磐沿岸を含む日本東方海域の循環構造の模式図と東北区水産研究所で用いている海況指標を図2・2に示す．日本東方海域には，北太平洋亜熱帯循環系の北西部に位置する黒潮と，亜寒帯循環系南西部の親潮の2つの西岸境界流が流れている．日本南岸沿いに北上し房総半島から東方へ流れる黒潮は，黒潮続流と呼ばれ南北に蛇行しながら東方へ流れる．千島列島沿いに南下し道東沿岸を経て東北地方三陸沖に達した親潮の一部は，三陸近海を舌状に南下し，

沿岸側から親潮第1分枝，親潮第2分枝と呼ばれている．さらに，日本海を北上した対馬暖流の一部が津軽海峡を抜けて太平洋に流れ，沿岸境界流[17]として三陸沿岸を南下する津軽暖流がみられる．三陸・常磐沿岸域の海況は，これら海流の離接岸や海流から派生する暖冷水域の変動に強く影響されている．

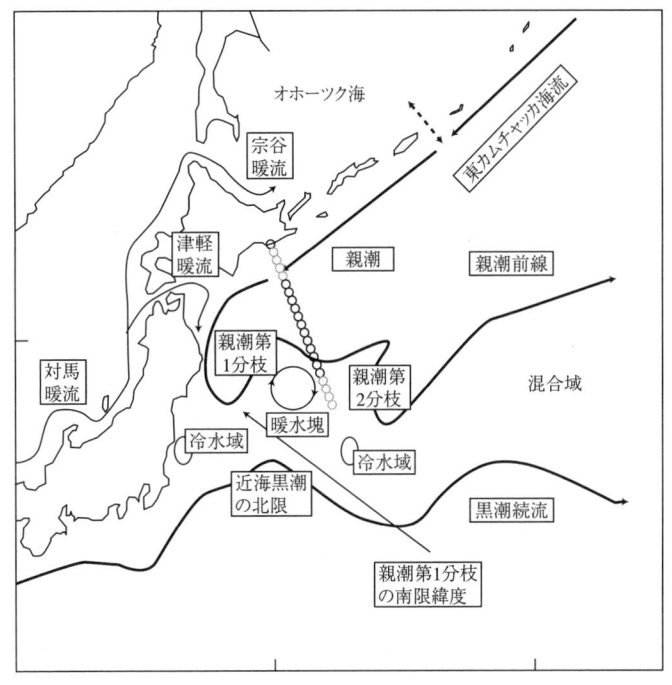

図2・2　日本東方海域の循環構造の模式図
図中の丸列は，親潮のモニタリング定線を示す．

　強流域あるいは200 m深14℃の等温線を指標として抽出した黒潮続流の北限位置の南北変動には，明瞭な季節変動は認められず，経年変動が卓越している（図2・3）．黒潮続流は，1960年代に南偏，1960年代末から1970年代末に北偏，1980年代に南偏傾向を示しおよそ10年サイクルで南北偏を繰り返している．さらに，1980年代末から1990年代前半に南北変動した後，1990年代後半〜2000年代前半に北偏し，近年は南偏傾向が持続している．1954年以降のトレンドは，統計的に有意とはいえないがやや南下傾向となっている．

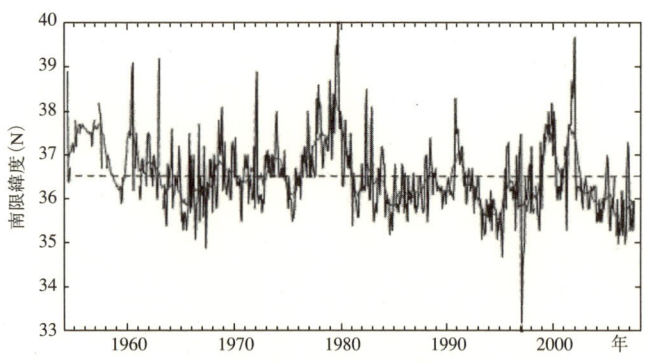

図2・3　黒潮続流の北限位置の経年変動

　一方，100 m深5℃の等温線を指標として抽出した親潮第1分枝の南限緯度の長期的変動傾向をみると，1960年代後半から北偏，1980年代に南偏，1980年代末～1990年代前半に南北変動した後，1990年代後半～2000年代前半に北偏し，近年はやや南偏傾向となっており，黒潮続流の北限位置と同様におよそ10年サイクルで南北偏を繰り返している（図2・4上）．さらに，親潮第1分枝から切り離された5℃以下の冷水を含む親潮第1分枝領域の親潮水南限緯度の時系列をみると，1980年代までは親潮第1分枝の南限緯度と同様の変動傾向を示している（図2・5下）．しかし，1995年以降はやや異なり，近年まで南寄りの傾向が持続し1980年代と同程度まで南下している．これは，これまで親潮第1分枝の経年変動で指摘されているような，異常冷水[18]や南進モード[19]のような顕著なものとはいえないが，2000年以降親潮の南下が強まっていると考えられ，1999年頃のアリューシャン低気圧の強化が影響している可能性が指摘されている[20]．なお，親潮第1分枝の南限緯度は，3～5月に最も南寄りとなり10～12月に北寄りとなるような季節変動が認められる．

§3．三陸・常磐沿岸域の水温変動と親潮

　三陸・常磐沿岸（35°～42°N，142°～145°Eの区画）の冬季（12～2月）海面水温は，1970年代に高く，1980年代に低下した後，1990年代から2000年初に高く，その後低下している（図2・5上）．この変動傾向は，既述のPDO

2章　三陸・常磐沿岸域における海洋環境変動　27

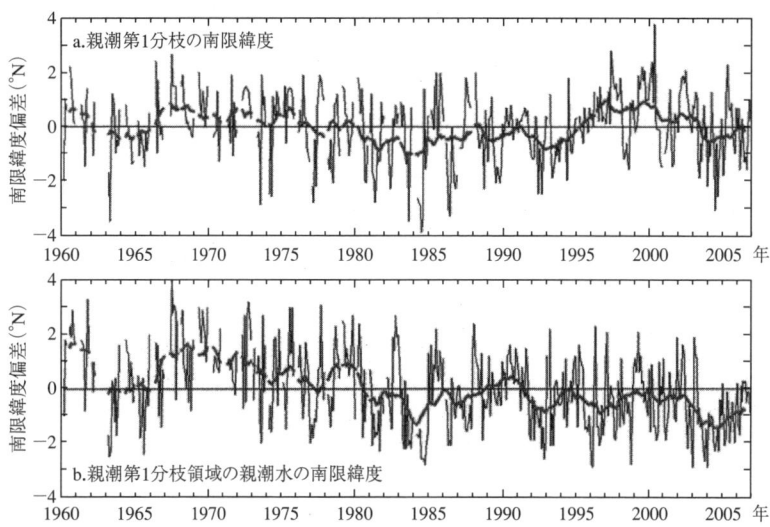

図2・4　親潮第1分枝の南限緯度（a）と親潮第1分枝領域の親潮水の南限緯度（b）の経年変動

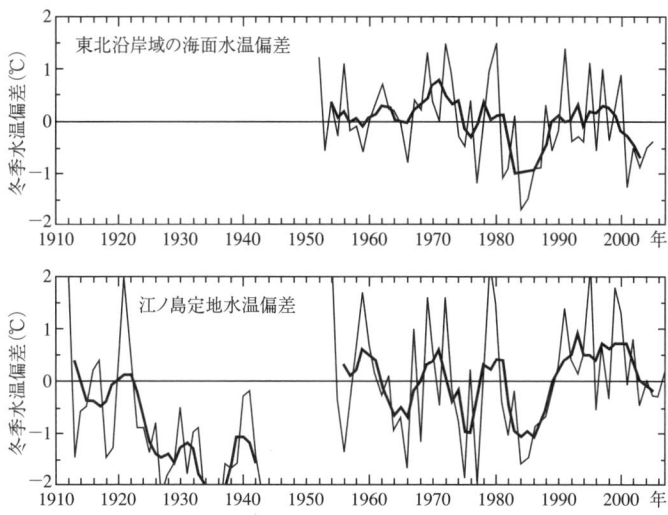

図2・5　三陸・常磐沿岸域（35°～42°N，142°～145°Eの区画）の冬季（12～2月）平均海面水温偏差（上）と宮城県牡鹿半島江ノ島の冬季（12～2月）の水温偏差（下）の時系列　上図の太線は5年間の移動平均を示す．水温データは，それぞれ気象庁と宮城県水産研究開発センターから借用．

と類似して20年弱の高低変動が卓越し，日本東方海域の海域平均海面水温に統計的に有意な長期変化傾向は見出せない[7]．さらに沿岸で長期間データがある江ノ島の冬季（12〜2月）定地水温は，1960年代以降では三陸・常磐沿岸とほぼ同様の傾向を示す（図2・5下）．しかし，1910年代以降の長期変動傾向をみると，弱いながらも上昇トレンドが認められる．データ期間に相違があるが，より陸域に近い海域で上昇傾向が認められることから，さらに海域を広げて検討する必要がある．

　三陸・常磐沿岸域では南下流が卓越し（図2・3），水温場を規定する海流変動要因として親潮第1分枝の南下動向が第一義的に重要であると考えられる．そこで，冬春季の三陸・常磐沿岸域の水温変動と親潮第1分枝の南下動向の関係を検討する．宮城県の天然コンブ漁獲量と江ノ島の4月の水温には負の相関関係が認められる[3]ことから，ここでは冬春季として4月を採用した．

　4月の宮城県江ノ島の定地水温と親潮第1分枝および親潮第1分枝領域の親潮水の南限緯度の時系列を図2・6に示す．江ノ島の水温は，1960年代後半から1970年代前半まで高く，1980年代は低め，1980年代末から1990年代末まで高めで推移している．一方，親潮第1分枝および親潮第1分枝領域の親潮水は1980年代末までは大きく変化せず，親潮の南下が顕著な年ほど江ノ島の水温が低くなっている．データ期間を通して江ノ島の水温と親潮第1分枝および親潮第1分枝領域の親潮水の南限緯度の相関関係をみると，それぞれ0.52（n=46）と0.67（n=45）でいずれも1％の危険率で有意であり，4月の江ノ島定地水温変動は，親潮第1分枝の南下状況を反映しているといえる．

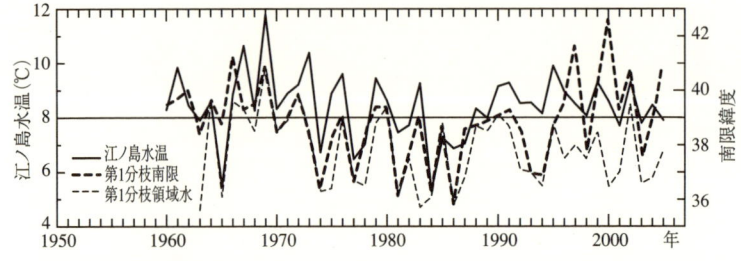

図2・6　4月の宮城県江ノ島水温と親潮第1分枝および親潮第1分枝領域の親潮水の南限緯度の時系列

さらに，三陸・常磐沿岸域の北から南までの水温変動に対する親潮第1分枝の南下変動の寄与を検討するために，三陸・常磐沿岸の北から下北半島沿岸域（A），八戸沿岸域（B），岩手県沿岸域（C），宮城県沿岸域（D），福島県沿岸域（E）の4月の水温変動と親潮第1分枝領域の親潮水の南限緯度の相関関係を検討した（図2・7）．三陸・常磐沿岸域の水温と親潮第1分枝領域の親潮水

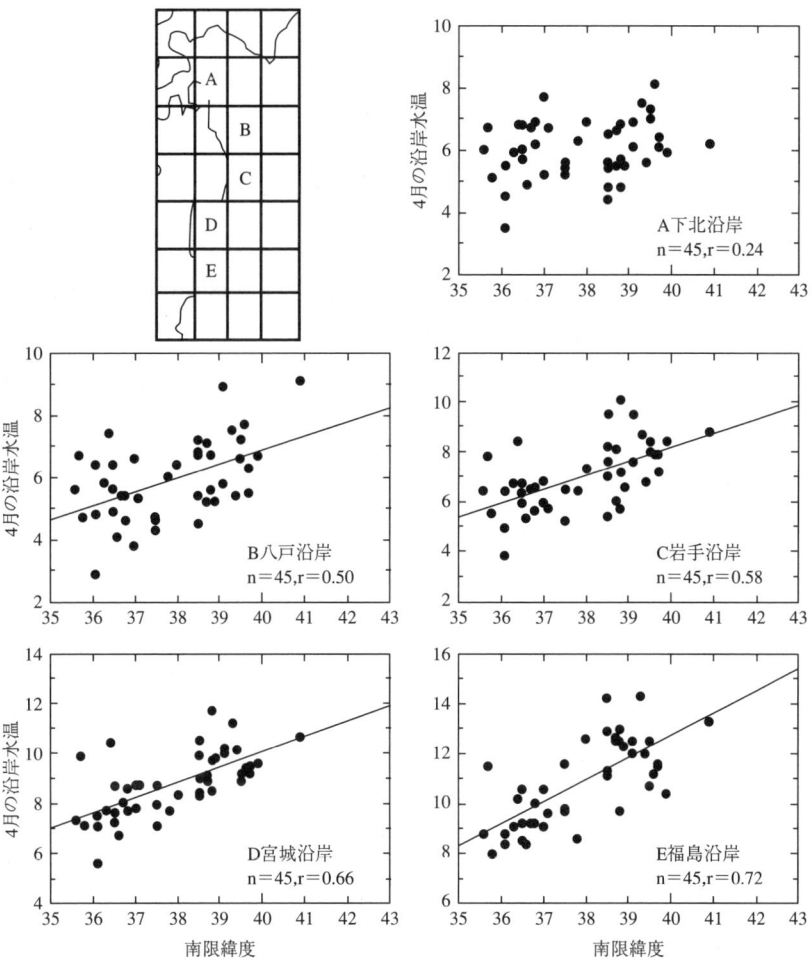

図2・7　4月の三陸・常磐沿岸域の水温と親潮第1分枝領域の親潮水の南限緯度との相関関係

の南限緯度の相関関係は，下北沿岸を除いて八戸沿岸域から福島県沿岸域までいずれも1％の危険率で有意であり，より南側ほど相関が高い．岩手県沿岸域の水系区分の解析結果[21]によると，冬春季には親潮系水が広く分布するが，最も沿岸寄りの表層には津軽暖流水系水が分布し，また異常冷水時には沿岸親潮水が分布する．すなわち，三陸沿岸域では津軽暖流水が親潮系水の接岸に対するバリヤーの役割[17]を果たし，このバリヤーを破って親潮系水が接岸するか否かが沿岸域の水温変動に強く影響しているといえる．これらの結果は，冬春季の八戸沿岸以南の三陸・常磐沿岸域の水温変動が，第一義的に親潮第1分枝水の南下・接岸状況に左右されることを意味している．

§4. 親潮の変動と大気変動

磯焼けの発生や持続に関わる要因として，三陸・常磐沿岸域の水温変動と日本東方海域の海況変動について検討した結果，三陸・常磐沿岸域の水温変動にとって親潮の南下・接岸状況が第一義的に重要であることが示された．そこで，さらに親潮の動向予測の可能性を検討するために親潮と大気との関係を考察する．

親潮は，北太平洋における亜寒帯循環系の西岸境界流で低気圧性の風の応力場によって駆動される．冬季のアリューシャン低気圧が発達して亜寒帯循環がスピンアップし西岸域での圧力勾配が大きいほど親潮の南下が強いことが指摘されている[22,23]．すでに冬季NPI変動（図2・1）でみたように，1970年代〜1990年代前半のアリューシャン低気圧の強弱は，親潮第1分枝の変動とよく一致している．図2・8に年平均の親潮第1分枝の南下緯度を目的変数とし，当該年の海上の風応力から求めた海流の流量を示すスベルドラップ輸送量と3年前の同輸送量を説明変数とした重回帰モデルの予測値と実測値との比較結果[22]を示す．この回帰モデルは，重回帰係数が0.87とよい再現性を示し，スベルドラップ輸送量を偏西風の蛇行の指標である極東域東西指数に置き換えてもほぼ同様の再現性があるとされている．大気の変動には，局所的な影響を及ぼすもの（早い応答：その冬の大気場）と，遠隔地であっても海洋内部の流れなどで伝播して影響を与える過程（遅い応答：数年前の冬の大気場）があることが，親潮の変動においても指摘されている[24]．

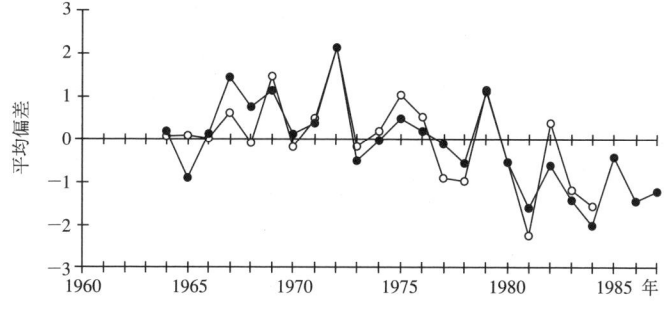

図2・8 年平均親潮第1分枝の南下緯度の重回帰モデル[25]

このような簡易な重回帰モデルを用いれば大規模な親潮の南下の動向を統計的に予測することは可能である．しかし，冬の大気場を事前に予測することが困難であるとともに，親潮第1分枝の接岸は局地的海洋条件に左右されるため，親潮の南下や接岸を正確に予測することは難しい．現状では，長期時系列変動解析に加えてモニタリングによる海洋観測データを同化した海況予測モデルによる2ヶ月程度の予測を活用することが有効であると考えられる．水産総合研究センターにおいても海洋研究開発機構との共同研究により海況予測システムを開発し[25]，2007年4月から実運用を開始した．

§5．今後の課題

本章では，磯焼けの発生や持続要因として重要な三陸・常磐沿岸域の水温変動やその変動を第一義的に規定する親潮第1分枝の変動の特徴や変動予測の可能性について論議した．冬春季の親潮の動向予測は磯焼けのみならず，水産資源の仔稚魚の生残過程，資源変動要因，漁場形成機構生産などにとっても重要な課題であることからその精度向上が望まれる．

他方，気候変動や地球温暖化進行やと関連して，親潮第1分枝の季節的な南下の遅れ[26]，道東親潮域における低塩化と冬季混合層の浅化[26]，岩手県沖の低塩化[27]，広域親潮域の混合層内でのリン酸塩の減少と亜表層のリン酸塩の増加[28]，日本東方海域における動物プランクトン種組成の変化[29]など生態系構造の変化が指摘されている．三陸・常磐沿岸域の海洋環境は，親潮域の変動の

影響を強く受けるため，これらの生態系変動，とりわけ低塩化，冬季混合層の浅化，栄養塩の減少は海藻生産にも直接的な影響を及ぼす要因として注視していく必要がある．

文　献

1) 谷口和也・吾妻行雄：磯焼け域における海中林造成，水産工学, 42, 171-177 (2005).
2) 谷口和也・長谷川雅俊：磯焼け対策の課題，磯焼けの機構と藻場修復（谷口和也偏），恒星社厚生閣，1999, pp.25-37.
3) 児玉純一・永島 宏・和泉祐司：万石浦ニシンの長期変動に関する一考察，特に金華山近海の気象・海況および生物群集との関係，宮城水セ研報，17-36 (1995).
4) 谷口和也・佐藤美智雄・大和田淳：常磐沿岸におけるアラメ群落の変動特性，東北水研報，49, 141-144 (1986).
5) 西田芳則：海況条件とコンブの豊凶変動，磯焼けの機構と藻場修復（谷口和也偏），恒星社厚生閣，1999, pp.51-61.
6) IPCC：第4次評価報告書統合報告書政策決定者向け要約（仮訳，文部科学省・経済産業省・気象庁・環境省)，2007, pp.24.
7) 気象庁地球環境・海洋部：海洋の健康診断表，気象庁ホームページ，2008.
8) N. J. Mantua, S. R. Hare, Y. Zhang, J. M. Wallace, and R. C. Francis : A Pacific interdecadal climate oscillation wih impacts on salmon production, *Bull. Amer. Meteor. Soc.*, 78, 1069-1079 (1997).
9) 気象庁，太平洋十年規模振動（PDO）指数の変動，Web公開資料：http://www.data.kishou.go.jp/kaiyou/shindan/b_1/pdo/pdo.html（参照2008年3月20日）
10) NCAR, North Pacific (NP) Index, Web公開資料：http://www.cgd.ucar.edu/cas/jhurrell/npindex.html（参照2008年3月20日）
11) S.Yasunaka and K. Hanawa: Resime Shift in the global sea-surface temperatures, *J. Climatol.*, 25, 913-930 (2005).
12) 花輪公夫：第1章 海洋環境のレジーム・シフト，レジーム・シフトー気候変動と生物資源管理ー（川崎健，花輪公夫，谷口旭，二平章偏)，成山堂書店，2007, pp.11-20.
13) 鈴木 亮：海洋環境の変化に伴う水産資源動向，東北ブロック水産海洋連絡会報，38, 10-12 (2008).
14) 小川 元：定線観測結果からみた岩手県地先の水温変動について．東北ブロック水産海洋連絡会報，38, 13 (2008).
15) 上野山大輔：福島県海域観測データの長期変動．東北ブロック水産海洋連絡会報，38, 14-16 (2008).
16) 小日向寿夫：那珂湊定置水温の長期観測結果．東北ブロック水産海洋連絡会報，38, 17-20 (2008).
17) 花輪公雄：総説 沿岸境界流．沿岸海洋研究ノート, 22, 67-82 (1984).
18) 奥田邦明：1984年の異常冷水現象の発生過程について，東北水研報，(48), 87-96 (1986)
19) 小川嘉彦：親潮第一貫入南限緯度の変動，東北水研研報，51, 1-9 (1989).
20) 伊藤進一・清水勇吾・筧茂 穂・平井光行：長期時系列から見た2005/06年の親潮の状況，水産海洋研究，71, 134-135 (2007).
21) K. Hanawa, and H. Mitsudera : Variation of water system distribution in the Sanriku Coastal Area. *J. Oceanogr. Soc. Japan*, 42, 435-446 (1986).
22) K. Hanawa : Southward penetration of the Oyashio water system and the wintertime

condition of midlatitude westerlies over the North Pacific, *Bull. Hokkaido Natl. Fish. Res. Inst.*, 59, 103-120 (1995).

23) Y. Sekine : Anomalous southward intrusion of the Oyashio east of Japan, 1. Influence of the seasonal and interannual in the wind stress over the North Pacific, *J. Geophys., Res.*, 93, 2247-2255 (1988).

24) S. Ito, K. Uehara, T. Miyao, H. Miyake, I. Yasuda, T. Watanabe, and Y. Shimizu : Characteristics of SSH anomaly based on TOPEX/POSEIDON altimetry and in situ measured velocity and transport of Oyashio on OICE, *J. Oceanogr.*, 60, 425-438 (2004).

25) 小松幸生・瀬藤 聡・宮澤泰正・秋山秀樹・清水 学・渡邊朝生・廣江 豊・斉藤 勉・植原量行・伊藤進一・平井光行：水産総合研究センサーにおける海況予測モデルの開発，黒潮の資源海洋研究, 6, 21-40 (2005).

26) 伊藤進一・清水勇吾・筧茂 穂・齊藤宏明・桑田 晃・高橋一生・杉崎宏哉・岡崎雄二・鹿島基彦・舘澤みゆき・川崎康寛・日下 彰・小埜恒夫・葛西広海：親潮・混合域における温暖化傾向と低次生態系の応答シナリオ，月刊海洋, 38, 161-167 (2006).

27) 轡田邦夫・服部政志・山田容子：三陸沖定線データを用いた表層海況の長期変動特性，月刊海洋, 号外43, 35-43 (2006).

28) T. Ono, T. Midorikawa, T. Nishioka, Y. W. Watanabe, K. Tadokoro, and T. Saino: Temporal increases of phosphate and apparent oxygen utilization in the subsurface waters of western subarctic Pacific from 1968 to 1998. *Geophys. Res. Lett.*, 28, 3285-3288 (2001).

29) K. Tadokoro, S. Chiba, T. Ono, T. Midorikawa, and T. Saino : Interannual variation in Neocalanus biomass in the Oyashio waters North Pacific. *Fish. Oceanogr.*, 14, 210-222 (2005).

3章　海中林の形成に及ぼす環境の影響

成田美智子[*1]・吾妻行雄[*2]・荒川久幸[*3]

　コンブ目褐藻が優占する海中林は，高水温・貧栄養の海況条件で深所から浅所へと著しく縮小する．その結果，無節サンゴモ群落が拡大し，磯焼けが発生する．このことは世界的に共通する現象である[1〜6]．磯焼け発生後も，高水温・貧栄養の海況条件が持続すれば，加入量の著しい減少によって磯焼けは持続する．しかし，なぜ高水温・貧栄養の海況条件で海中林が死亡するのか，加入量が減少するのか，その直截の生理学的な要因は明らかにされていない．そこで，海中林構成海藻の成長と生存に及ぼす環境条件の影響を検討し，磯焼けの発生と持続の機構を明らかにする．

§1．春〜夏：アラメの成長と成熟

　磯焼けは，年間最高水温となる夏から秋にかけてコンブ目褐藻が大量死亡することによって発生する．コンブ目褐藻が夏から秋に死亡するか否かは，夏までの成長に左右されると考えた．そこで，三陸南部から九州南端までの太平洋沿岸と九州北西岸から島根半島までの日本海沿岸に海中林を形成するアラメを対象として，春から夏における成長と成熟の過程を調べた．

　2002年4，7，9，11月の4回，牡鹿半島佐須浜沿岸水深0〜2mに生育する枝長6cm以上の満2歳以上と推定されるアラメ[7] 4〜5個体を採集した．採集したアラメの枝あたり側葉数，皺紋のない側葉数，子嚢斑をもつ側葉数，藻体の乾燥重量，側葉の炭素（C）・窒素（N）量を測定し，図3・1に示した．C・N含有量の測定には，アラメのもっとも長い側葉の基部，中間部，先端部からコルクボーラーによって打ち抜いた直径16mmの円形葉片を用いた．

　枝あたり側葉数は4月から増加して7月には14.2枚となり，その後9月から

[*1] 宮城県農林水産部
[*2] 東北大学大学院農学研究科
[*3] 東京海洋大学海洋科学部

11月へと減少した．皺紋のない側葉は7月に現れて以後増加し，11月にはすべて皺紋のない側葉となった．子嚢斑をもつ側葉は，皺紋のない側葉の出現に遅れて9月に現れた．藻体の乾燥重量は7月に最大となり，11月には著しく低下した．乾燥重量の変化に対応して，C・N量とも4月から7月に増加し，子嚢斑が形成される9月から11月には急激に低下した．

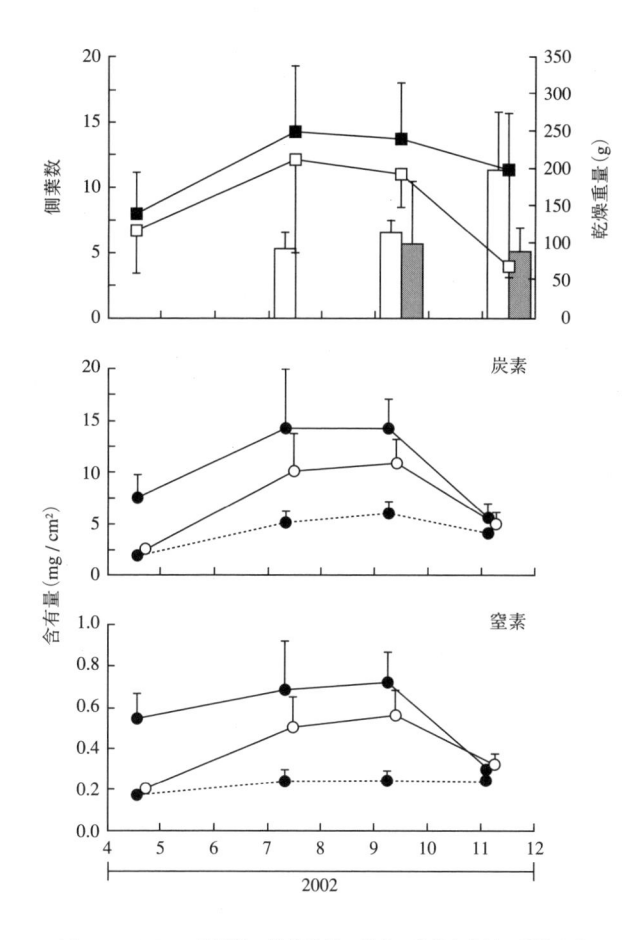

図3・1　アラメの側葉数，乾燥重量，炭素・窒素含有量の季節変化
　上図において，──■──　総側葉数，□は皺紋のない側葉数，▨は子嚢斑をもつ側葉数，──□──は藻体の乾燥重量．中・下図において，──●──　は最も長い側葉の基部，──○──は同じく中間部，……●……　線は同じく先端部の炭素・窒素含有量．縦棒は標準偏差．

谷口ら[8]は，アラメの生活年周期を，側葉と乾燥重量が増加する1～8月の成長期と，それらが減少して子嚢斑が形成される9～12月の成熟期に分けた．本研究においても，側葉と乾燥重量は成長期には増加し，成熟期には減少した．側葉と重量の季節変化に対応して，C・N量も成長期に増加，成熟期に著しく減少したことから，アラメは成長期にはC・Nを蓄積し，成熟期には蓄積したC・Nを子嚢斑の形成のために消費することが明らかになった．この結果は，成熟期には子嚢斑形成に物質とエネルギーを分配した結果，皺のない薄く小形の側葉ができる，という谷口ら[8]の仮説を物質的に支持している．したがって高水温，貧栄養の海況条件下では，アラメは成長期に物質を十分に蓄積できないので，成熟期に大量に物質を消費するため多数死亡すると考えられる．

§2. 夏～秋：アラメ・カジメの生存と流速

磯焼け発生時に共通して観察される現象は，深所から死亡個体が著しく増加して，海中林が浅所へと縮小することである．この事実は，深所では流速が低下するため，葉状部の表面に形成される境界層[9]によって栄養塩の吸収が阻害されるためであると考えた．そこで，アラメと，本州太平洋沿岸中部と九州北西部沿岸に海中林を形成するカジメを用いて，生存と流速との関係を検討した．実験においては，段階的に変化させた流速と水温の組み合わせの複合条件下でアラメとカジメを培養した．アラメについては，流速0，2，5，10，20，30 cm/秒の6段階，水温25，27，30，35℃の4段階とし，カジメについては，流速0，2，5，8，12，16 cm/秒の6段階，水温26，28，30℃の3段階とした．

異なる流速と水温条件下でのアラメ・カジメの生存日数を図3・2に示した．アラメは，水温30，35℃では流速に関わらずそれぞれ3日後および2日後に死亡した．しかし，水温25，27℃では，流速の上昇とともに生存日数が延長し，10 cm/秒以上では2週間以上経過しても死亡個体は現れなかった．カジメにおいても同様に流速の上昇にともなって生存日数が延長する傾向が認められた．またカジメは，水温26，28℃では流速2 cm/秒でも2週間以上生存し，水温30℃，流速0 cmでも6日程度は生存することから，アラメよりも低流速・高水温で生存可能である．このことは，カジメがアラメより低緯度で深所

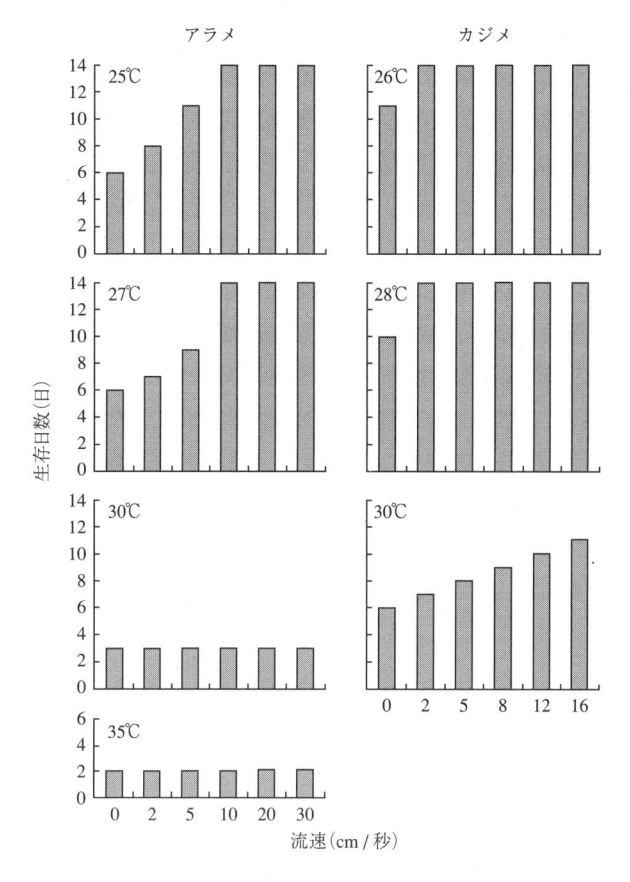

図3・2 異なる水温，流速条件でのアラメ，カジメの生存日数
アラメは水温25，27，30，35℃，流速0，2，5，10，20，30 cm/秒で，カジメは水温26，28，30℃，流速0，2，5，8，12，16 cm/秒で測定した．

に生育する生理学的な条件をなしていると考えられる．

　アラメ・カジメともに流速が低下するほど早期に死亡する事実は，流速の低下によって葉状部の表面に境界層が形成されて栄養塩の吸収を阻害したためであると考えられる[9]．Neushul[9]によると，流速は海底から2 cm以上では1 m/秒以上あるのに対して，海底から2 cm以内では10 cm/秒以下，1 cm以内では1 cm/秒以下にまで低下する．したがって，高水温条件下では深所ほど栄養塩の吸収が困難となって死亡すると結論される．

以上，アラメ・カジメは深所では流速の低下によって栄養塩の吸収が阻害されるので，高水温・貧栄養の海況条件下では，成長期に物質の蓄積が不十分となる一方で，成熟期には生殖細胞を形成するために物質を大量に消費して，深所から死亡個体が増加すると推定される．

§3. 夏〜秋：カジメの生存と成長

　前項において推定した高水温・貧栄養条件下におけるコンブ目褐藻の死亡要因を具体的に検証するため，伊豆半島産カジメ幼胞子体（葉長3.3±0.7 cm）を用いて，水温，光，栄養塩濃度の複合条件下で培養実験を行った．水温は，20℃を対照区とし，カジメの死亡率が上昇すると報告されている26℃[10]，カジメの分布域においては極めて稀な28,30℃を高水温条件とした．光は，明暗周期12：12，カジメの光飽和点付近の180 μmol / m^2 / 秒を強光条件，水温25℃での光補償点とされる12.5 μmol / m^2 / 秒[11]よりも低い5 μmol / m^2 / 秒を弱光条件とした．栄養塩濃度は，PESI栄養強化海水[12]を1/2または1/4の栄養塩濃度に希釈した海水を富栄養条件，男鹿半島沿岸産の海水を貧栄養条件，N・Pを添加しないASS$_2$培地[13]を栄養塩欠乏条件とした．容量500 mlの枝付フラスコにカジメ幼胞子体を4個体ずつ収容し，常に通気しながら6日間または12日間培養した．この際3日ごとに海水を交換した．培養前後に湿重量，C・N含有量，葉緑素a量，光合成速度を測定した．またカジメの栄養塩要求量を把握するため，アンモニア態・硝酸態窒素，リン酸態リンの濃度を5段階に変えた海水を用いて水温20℃，光量子束密度180 μmol / m^2 / 秒で1時間，振盪培養し，濃度段階別の栄養塩吸収速度を測定した．

　まず，富栄養条件（1/2PESI）と貧栄養条件で培養し，光合成速度と成長率の違いを比較した（図3・3）．培養前の光合成速度は富栄養条件と貧栄養条件で差がなかった．しかし，培養6日後，富栄養条件ではすべての水温で光合成速度が上昇し，20，28℃では有意差が認められた．さらに，培養前では26℃で光合成速度が最高となったのに対し，富栄養条件で培養6日後には28℃で光合成速度が最高となった．一方，貧栄養条件では，培養後も光合成速度はほとんど変化しなかった．培養後の湿重量を培養前の湿重量で除して求めた成長率は，富栄養・貧栄養条件とも高水温条件ほど低下したが，明らかに富栄養条

件で貧栄養条件より高かった．このようにカジメは，富栄養条件では，高水温条件にも適応して光合成速度を高進し，高い成長率で成長する．

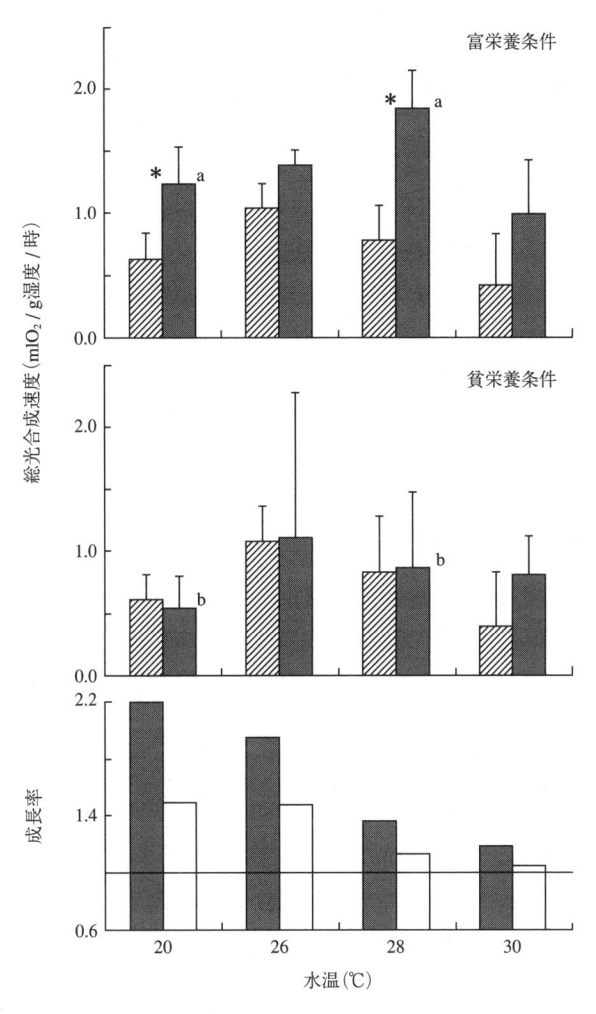

図3・3 カジメ幼体の総光合成速度と成長率
上・中図において，▨は培養前，■は光量子束密度180 μmol / m^2 / 秒，水温20，26，28，30℃，富栄養（1/2PESI）と貧栄養条件（男鹿半島産海水）で6日間培養後（3日で換水）の総光合成速度を表す．下図において，■は富栄養条件，□は貧栄養条件で培養後の成長率を表す．＊は危険率 p ＜ 0.05 で培養前と培養6日後の光合成速度に有意差があること，ab間は危険率 p ＜ 0.05 で富栄養と貧栄養条件の総光合成速度に有意差があることを表す．また，横線は成長率1を表す．縦棒は標準偏差．

濃度段階別の各栄養塩の吸収速度は，海水中の濃度が高くなるほど上昇することから，カジメは富栄養条件下では栄養塩を大量に吸収することができたと考えられる．そこで，富栄養と貧栄養条件とで培養後の成長率，C・N量，葉緑素a量を比較するため，水温20℃で6日間換水せずにカジメを培養した．成長率は前述の培養実験の通り富栄養条件で有意に高く，C量は富栄養と貧栄養条件とで差がなかったのに対し，栄養塩として吸収するN量は濃度依存的な吸収速度を反映し，明らかに富栄養条件で貧栄養条件より多かった．葉緑素a量は，N量を反映して富栄養条件で多く，貧栄養条件で少なかった（図3・4）．したがって富栄養条件では，栄養塩を大量に吸収して葉緑素a量を増加させることによって光合成速度を高進することができたと考えられる．これに対して貧栄養条件では，葉緑体を形成できず光合成速度が高進できず，低い成長率となったと考えられる．本実験において貧栄養条件は，男鹿半島産の濾過海水としている．したがって，太平洋に生育するカジメにとって日本海の海水は明らかに栄養塩が不足している．

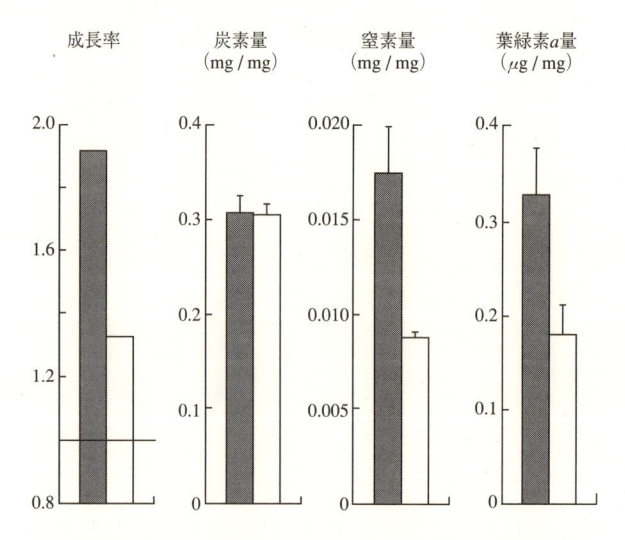

図3・4　カジメ幼体の成長率，炭素・窒素含有量，葉緑素a量
光量子束密度180 μmol / m^2 / 秒，水温20℃，富栄養（1/4PESI）（■）と貧栄養条件（男鹿半島産海水）（□）で換水せずに6日間培養後に測定した．横線は成長率1を表す．縦棒は標準偏差．

磯焼け発生時には，栄養塩濃度がほとんどゼロとなる期間が1〜2週間持続する．そこで，次に栄養塩欠乏条件で培養を行い，その影響を検討した．水温20，26，28，30℃，強光・弱光条件，富栄養（1/4PESI）・栄養塩欠乏条件で12日間培養したときの，健全・障害・死亡個体の割合の変化を図3・5に示した．健全個体に対し，藻体に末枯れや欠刻，変色が認められた場合は障害個体，これらの障害が藻体の半分以上にまで及んだ場合は死亡個体と判定した．まず強光条件では，富栄養条件においては，20℃では障害個体はまったく現れなかったが，26℃以上では現れ，水温が高いほど早期に多くの個体に障害が認められた．30℃では10日後に死亡個体も現れた．これに対し栄養塩欠乏条件

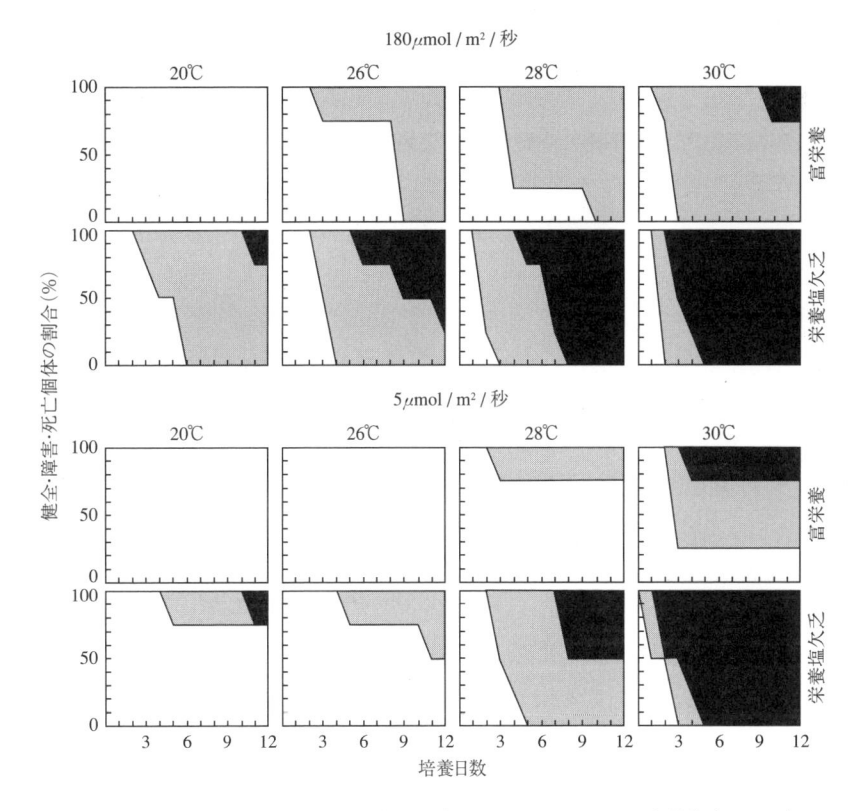

図3・5 光量子束密度180, 5 μmol / m² / 秒，水温20，26，28，30℃，富栄養（1/4PESI）と栄養塩欠乏条件（N,P無添加ASS₂培地）で12日間培養中のカジメ幼体の健全個体（□），障害個体（▨），死亡個体（■）の割合の経時変化

では，20℃でも障害個体が現れ，11日後には死亡個体も現れた．水温が高いほど死亡個体の割合は増加し，28℃では5〜8日，30℃では3〜5日で全個体が死亡した．弱光条件でも，強光条件と同様に，富栄養条件では28℃では死亡せず，30℃で死亡個体が現れるのに対し，欠乏条件では20℃でも死亡個体が現れ，30℃では2〜5日で全個体が死亡した．ここで，欠乏条件において，強光条件では28℃で全個体が死亡したのに対し，弱光条件では生存個体が認められた．

　この培養実験において生存した個体の成長率（培養後重量／培養前重量）は，強光・富栄養条件の水温20℃においては，培養前の4倍に達し，水温の上昇につれて低下した．しかし，30℃においてもなお成長が認められた．強光・欠乏条件では，20℃にのみ成長が認められた．弱光・富栄養条件では，どの水温においても強光条件と比べて著しく成長が劣った．弱光・欠乏条件では，強光条件では成長が認められなかった水温26℃でも成長が認められた．培養後に測定したC・N含有量からC/N比を計算すると，弱光・富栄養条件では11.4，弱光・欠乏条件では13.8であったのに対し，強光・富栄養条件では11.2，強光・欠乏条件では36.0であった．これらの事実は，海水が富栄養であれば強光条件によってNが不足することなく光合成速度を高進できるが，栄養塩が欠乏していれば強光条件では，高い代謝速度に対して急速にN不足をきたして早期に死亡することを示している．

　細胞を構成する元素のうち，N・Pは海水中でもっとも不足しやすい元素である．アンモニア態窒素・硝酸態窒素として吸収されたNは，葉緑体内でもアミノ酸に合成され，リン酸態リンとして吸収されたPとともに，タンパク質，脂質，核酸など，細胞の形成には不可欠な物質の素材となる．したがって，N・Pが不足すると葉緑体をはじめ細胞の形成が阻害される．栄養塩欠乏条件下においてカジメは，細胞を新たに形成することができなかったため，早期に細胞が劣化し死亡に至ったと考えられる．特に，高水温や強光条件では，代謝速度が高まるため，早期に藻体内の物質を消費し，死亡すると考えられる．実際に磯焼け発生時には，浅所にわずかに残った海中林までもが崩壊することがあり，浅所における高水温・強光条件によって代謝速度が著しく上昇するのに対して，栄養塩が著しく不足した結果であると考えられる．

§4. 冬～春：マコンブの成長

多くのコンブ目褐藻は，秋から冬に再生産が行われ，冬から春に発芽・成長し，個体群に新たに加入する．磯焼け発生後，再生産による加入量の低下が続けば海中林は回復することなく縮小を続け，磯焼けはさらに進行する．このようなコンブ目褐藻の再生産に続く加入機構を，マコンブ幼体・若齢体を用いて検討した．

マコンブ・ホソメコンブの収穫量は，1～3月に低水温・富栄養の海況条件となった年に高く，高水温・貧栄養の海況条件の年には低いことが明らかにされている[14, 15]．このような豊凶変動予測にもとづけば，マコンブ群落が拡大するか，または縮小するかは幼体から若齢体における成長と生存に依存していると考えられる．そこで，マコンブの幼体と若齢体を水温・光・栄養塩濃度の複合条件下で培養し，成長と生存に及ぼす影響を検討した．

北海道尾札部産マコンブを松島湾で11月から養殖し，12月に平均葉長3.7 ± 0.7 cmに成長した幼体と1月に平均葉長174 ± 40 cmに成長した若齢体を得て，光量子束密度180 μmol / m^2 / 秒，水温10℃，1/4PESI培地で1～2日間の予備培養の後，培養実験を行った．若齢体の培養においては，茎葉移行部の成長組織から直径16 mmの円形葉片を打ち抜いて用いた．これらをカジメ幼体と同様に水温・光・栄養塩の複合条件下で培養し，培養前後に湿重量，C・N含有量，葉緑素a量，光合成速度を測定した．水温は採集時の松島湾における水温10.7℃（12月）および7.8℃（1月）を含む5, 10, 15, 20℃とした．光はカジメ幼体の培養実験と同様に，明暗周期12：12，180 μmol / m^2 / 秒の強光条件と5 μmol / m^2 / 秒の弱光条件とした．栄養塩濃度は1/4PESI栄養強化海水の富栄養条件とN・P無添加ASS$_2$培地の栄養塩欠乏条件とした．

マコンブ幼体・若齢体の培養前における光合成－温度曲線（光量子束密度180 μmol / m^2 / 秒）と，強光および弱光・富栄養条件で12日間培養前後における幼体・若齢体の光合成－光曲線（水温10℃）を図3・6に示した．光合成－温度曲線によれば，幼体は水温25℃で最高光合成速度を示したのに対し，若齢体は15～20℃で最高光合成速度を示した．一方，培養前後の光合成－光曲線によれば，幼体は，培養前に5～10 μmol / m^2 / 秒の間に光補償点を示したが，強光条件での培養後には10～20 μmol / m^2 / 秒に上昇させた．また，弱光

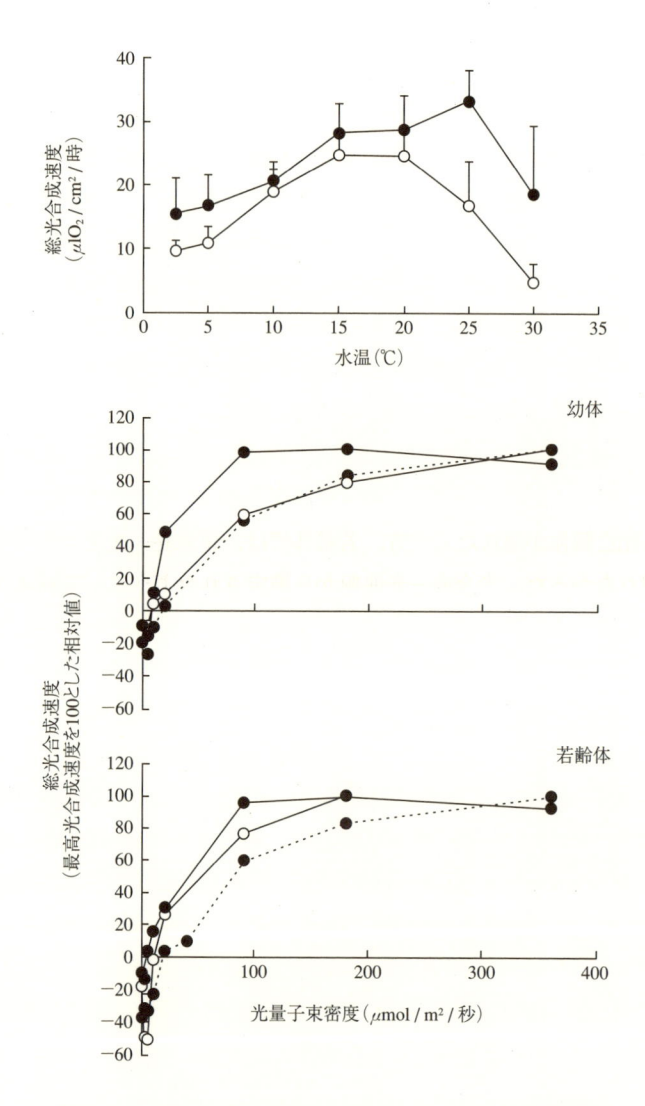

図3・6 上；マコンブ幼体（●）と若齢体（○）の光合成－温度曲線
光量子束密度180 μmol / m^2 / 秒，水温2.5, 5, 10, 15, 20, 25, 30℃で測定した．
中・下；マコンブ幼体と若齢体の光合成―光曲線．
水温10℃，富栄養条件（1/4PESI）で培養前（—○—），培養12日後
（⋯●⋯：180 μmol / m^2 / 秒，　—●—：5 μmol / m^2 / 秒）に，光量子束密度0, 2.5, 5, 10, 20, 90, 180, 360 μmol / m^2 / 秒，水温10℃で測定した．

条件で培養後には光補償点には変化がなかったが，弱光下における光合成速度は有意に上昇した．若齢体の光補償点は，幼体よりも高い10～20 μmol/m^2/秒にあり，より強光を要求することがわかった．幼体同様，強光・弱光条件に適応して光合成速度が変化し，強光条件で培養後には弱光下での光合成速度が低下，弱光条件で培養後には光補償点が2.5～5 μmol/m^2/秒に低下した．このようにマコンブは，幼体から若齢体への成長にともなって，より低水温，強光条件に適応して光合成を行なうようになることが明らかになった．

　マコンブ幼体・若齢体について，強光条件，水温5，10，15，20℃，富栄養・栄養塩欠乏条件で12日間，カジメ幼体（図3・5）と同様に培養実験を行ったところ，幼体では，富栄養条件においては5，10，15℃では全く障害個体は現れず，20℃で障害個体が現れたが，死亡個体は現れなかった．これに対し，栄養塩欠乏条件においては5，10℃でも障害個体が現れ，15，20℃では6日後から死亡個体が現れた．一方，若齢体では，富栄養・欠乏条件ともに死亡個体は現れなかった．光合成—光曲線から推定されたように，若齢体は幼体より強光を要求することが本培養実験によって裏付けられた．

　この培養実験におけるマコンブ幼体の成長率は，富栄養条件においては，5℃で培養前の湿重量の7倍，10℃で15倍，15℃で19倍，20℃でも9倍と急激な成長を示した．これに対し，欠乏条件では富栄養条件より著しく低かった．一方若齢体の成長率は，富栄養条件においては，明らかに幼体よりも低く，5℃で約3.5倍，10℃でもっとも高い約5倍，15，20℃でも4倍以上であった．成長率が幼体よりも5℃低い10℃で最大となったことは，光合成—温度曲線でみられたように，低水温への適応であると考えられる．欠乏条件においては，富栄養条件よりは低かったが，2～4倍の良好な成長率を示した．C量は，幼体・若齢体ともに，富栄養と欠乏条件ともに変わらず培養前よりやや増加した．一方N量は，幼体・若齢体ともに，富栄養条件より欠乏条件で明らかに少なく，すべての水温で培養前より減少した．幼体では，富栄養条件の5℃では著しく増加したが，10，15，20℃では富栄養条件にありながら培養前より減少した．15℃でもっとも減少し，次いで10℃，20℃の順であった．これに対して若齢体では，富栄養条件ではどの水温においても培養前より増加しており，幼体の場合とは異なった結果が得られた．

幼体において，この培養後におけるN量を成長率と比較すると，両者は明らかに逆相関関係にある．幼体期のマコンブは，光合成と栄養塩の吸収を保障するため，急激な成長によって表面積を拡大すると報告されている[16]．N量と成長率の逆相関関係は，成長初期における急激な表面積の拡大を図るためにNを大量に必要とすることを示している．したがってマコンブ幼体は，富栄養条件では培養前の湿重量の19倍もの急激な成長によって表面積を拡大させることに成功するが，欠乏条件では早期に著しく障害を受け，水温15℃以上では1週間で死亡すると考えられる．これに対し，若齢体では，富栄養条件での成長率は幼体より明らかに低い一方，培養前よりN量は増加したことから，マコンブは若齢体期になると，急激な表面積の拡大を終え，Nの蓄積を行なうようになると考えられる．

　N量の変化は，葉緑素a量の変化に反映されている．水温10℃，富栄養・欠乏条件で培養後の葉緑素a量は，幼体においては，富栄養では欠乏条件より多いが，富栄養・欠乏条件ともに培養前より減少した（図3・7）．若齢体においては，富栄養では培養前よりも増加し，欠乏条件では減少した．葉緑素の寿命（半減期）は，藍藻ではおよそ300時間，つまり12.5日であることが明らかにされている[17]．褐藻でもこの寿命が適用できるとすれば，2週間程度の窒素の不足は極めて重大な影響を与えるといえる．以上のことから，高水温条件下での栄養塩の不足は，マコンブ幼体・若齢体の成長・生存に決定的な影響を与えるといえる．幼体では急激な成長が阻害されて死亡し，若齢体では物質の蓄積と成長が阻害される．その結果，冬から春の幼体・若齢体の加入量が減少するため海中林は回復せず，磯焼けは持続する．

　海中林の形成に及ぼす環境の影響をまとめる．高水温・貧栄養の海況条件下では，春〜夏の成長期に物質の蓄積が不十

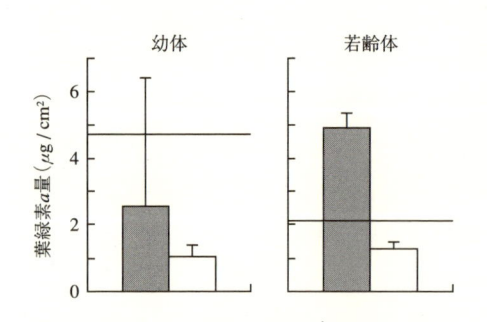

図3・7　マコンブ幼体・若齢体の葉緑素a量
光量子束密度180 μmol / m^2 / 秒，水温10℃，富栄養（1/4PESI）（■）と栄養塩欠乏条件（N, P無添加ASS$_2$培地）（□）で培養12日後に測定した．横線は培養前の葉緑素a量を表す．縦棒は標準偏差．

分となる一方，夏～秋の成熟期に物質を大量に消費することで，深所から海中林が崩壊し磯焼けが発生する．その後も高水温・貧栄養の海況条件が持続すれば，幼体期の急成長が阻害され，若齢体期の物質の蓄積と成長が阻害される．その結果，冬季の加入量が減少するとともに，生存しても十分な成長ができなかったために夏季，早期に多数死亡し，磯焼けは持続すると結論できる．

§5. 今後の課題

今後，コンブ目褐藻各種の発芽から成熟に至るまでの全生活過程における生理学的閾値を明らかにし，本研究によって明らかになった磯焼けの発生・持続機構を，種ごとに詳細に検証する必要がある．また，ヒバマタ目褐藻については，環境条件に対する生理学的閾値はほとんど明らかにされていない．このため，コンブ目褐藻における研究と同様に検討を行ない，ヒバマタ目褐藻海中林における磯焼けの発生・持続機構を明らかにする必要がある．海中林構成海藻種ごとの生理学的閾値を明らかにすることで，磯焼けから海中林を回復させるとともに，磯焼けの発生を防ぐ対策を講じられると考える．

文 献

1) 河尻正博・佐々木 正・影山佳之：下田市田牛地先における磯焼け現象とアワビ資源の変動，静岡水試報報，15, 19-30（1981）．
2) W. J. North, and R. C. Zimmerman : Influences of macronutrients and water temperature on summertime survival of *Macrocystis* canopies, *Hydrobiologia*, 116/117, 419-424（1984）．
3) 谷口和也・佐藤美智男・大和田 淳：常磐沿岸におけるアラメ群落の変動特性，東北水研研報，48, 49-57（1986）．
4) 谷口和也・佐藤陽一・長田 穣・末永浩章：牡鹿半島沿岸におけるアラメ群落の構造，東北水研研報，49, 103-109,（1987）．
5) M. J. Tegner, and P. K. Dayton : El Niño Effects on Southern California Kelp Forest Communities, *Advances in Ecological Research*, 17, 243-279（1987）．
6) 谷口和也・吾妻行雄：磯焼け域における海中林造成，水産工学，42, 171-177（2005）．
7) 谷口和也・加藤史彦：褐藻類アラメの年齢と生長，東北水研研報，46, 15-19（1984）．
8) 谷口和也・磯上孝太郎・小島 博：アラメの2～4歳個体の生長および成熟についての観察，藻類，39, 43-47,（1991）．
9) M. Neushul: Functional interpretation of benthic marine algal morphology, Contributions to the Systematics of Benthic Marine Algae of the North Pacific (ed. by I. A. Abbott and M. Kurogi), *Jpn. Soc. Phycol.*, 1972. pp. 44-73.
10) Y. Yokohama, J. Tanaka, and M. Chihara: Productivity of the *Ecklonia cava* community in a bay of Izu Peninsula on

the Pacific coast of Japan, *The Bot. Mag., Tokyo*, 100, 129-141 (1987).

11) 倉島　彰・横浜康継・有賀祐勝：褐藻アラメ・カジメの生理特性, 藻類, 44, 87-94 (1996).

12) M. Tatewaki: Formation of a crustaceous sporophyte with unilocular sporangia in *Scytosiphon lomentaria, Phycologia*, 6, 62-66 (1966).

13) K. Nakanishi, M. Nishijima, M. Nishimura, K. Kuwano, and N. Saga: Bacteria that induce morphogenesis in *Ulva pertusa* (Chlorophyta) grown under axenic conditions, *J. Phycol.*, 32, 479-482 (1996).

14) 西田芳則：海況条件とコンブの豊凶変動, 磯焼けの機構と藻場修復 (谷口和也編), 恒星社厚生閣, 1999, pp.50-61.

15) A. Yoshimori, T. Kono, and H. Iizumi: Mathematical models of population dynamics of the kelp *Laminaria religiosa*, with emphasis on temperature dependence, *Fish. Oceanogr.*, 7, 136-146 (1998).

16) J.-Y. Li, Y. Murauchi, M. Ichinomiya, Y. Agatsuma, and K. Taniguchi: Seasonal change in photosynthesis and Nutrient uptake in *Laminaria japonica* (Laminariaceae; Phaeophyta), *Aquaculture Sci.*, 55, 587-597 (2007).

17) D. Vavilin, D.C. Brune, and W. Vermaas: 15N-labeling to determine chlorophyll synthesis and degradation in *Synechocystis* sp. PCC 6803 strains lacking one or both photosystems, *Biochimica et Biophysica Acta*, 1708, 91-101 (2005).

4章　植食動物の発生と海藻群落との関係

李　景玉[*1]・吾妻行雄[*1]

　亜寒帯から亜熱帯の潮下帯岩礁域には，浅所に大形多年生褐藻が優占する海中林，深所には殻状紅藻無節サンゴモ優占群落が形成されている[1]．海中林と無節サンゴモ群落は，海況条件によって相互に拡大と縮小を繰り返している[2-4]．すなわち，低水温・富栄養条件下では海中林が深所へ拡大し，無節サンゴモ群落が縮小する．高水温・貧栄養条件下では海中林が浅所へ縮小し，無節サンゴモ群落が拡大して磯焼けが発生する．一方，無節サンゴモ群落においてはウニが大量に増加するのに対し[5-8]，コンブ目褐藻海中林内ではウニ・アワビの稚仔が著しく少ない[7-9]．したがって，海藻群落の拡大と縮小は，植食動物の発生に大きな影響を及ぼす．

　ここでは化学交信物質を介して無節サンゴモ群落がウニ幼生の変態を誘起し，海中林がウニ・アワビ幼生を死亡させる，あるいは変態を阻害する研究結果を取りまとめて報告する．

§1．無節サンゴモによるウニ幼生の変態誘起

　アメリカムラサキウニ，オオキタムラサキウニ，キタムラサキウニ，ならびにホクヨウオオバフンウニの着底・変態稚仔は，無節サンゴモ群落において著しく多いことが報告されている[5-8]．また，日本ではキタムラサキウニとエゾバフンウニの種苗生産工程において，幼生の着底・変態を誘起させるために，無節サンゴモとまったく異なる分類群である単細胞緑藻 *Ulvella lens* が用いられている．これらの海藻は共通してウニ幼生の変態を誘起する物質を生産していると考えられる．

　紅藻有節サンゴモの1種ピリヒバがジブロモメタン（CH_2Br_2），ジブロモクロロメタン（$ClCHBr_2$），ならびにトリブロモメタン（$CHBr_3$）など3種類の揮発性ハロメタンを生産するという報告[10]を契機に，ピリヒバに加えて無節サン

[*1] 東北大学大学院農学研究科

ゴモのエゾイシゴロモ，有節サンゴモのエゾシコロ，オオシコロ，マオウカニノテなど5種とU. lensは，これらのハロメタンを共通して生産することが明らかになった[11]．そこで，市販のハロメタン3種を用いてキタムラサキウニ幼生の変態誘起実験を行った．その結果，トリブロモメタンはウニ幼生を着底させるが，2日後においてもまったく変態を誘起せず，ジブロモクロロメタンは着底も変態もまったく誘起しなかった．しかし，ジブロモメタン（DBM）は約700 ppmの濃度で2時間後には100 %の幼生の変態を誘起した．したがって，無節サンゴモ群落においてウニが増加するのは，無節サンゴモが生産するDBMによってウニ幼生の変態が誘起されるためであると考えられた[11]．

　追加試験によって，DBMは濃度が500～1,000 ppmの範囲で変態を誘起することが確認された．また，酸素飽和度が高ければ幼生の変態を誘起させるために高濃度を必要とすることが明らかになった．DBM濃度はサンゴモ表面から離れるにつれて速やかに失われると考えられる．そこで，ウニが管足によってサンゴモ表面から分泌されるDBMをより低濃度で感知するのではないかと考え，無節サンゴモに被覆された天然海底にウニ幼生が着底することを再現する新しい実験装置（図4・1，SUS316，柴田科学株式会社）を開発し，ウニ幼生の変態を誘起するDBMの濃度をより正確に明らかにすることができた[12]．

　生物試験は，ゴム栓付の下部容器にDBM希釈液を10 ml入れ，フィルターを取り付け，疎水性膜を乗せた．その上に上部容器をクランプで固定し，そこに濾過海水を20 ml入れ，ウニの8腕後期幼生を約20個体収容し，濾過海水を加えて液量を28 mlとした．この装置は，下部容器のDBMが疎水性膜を通して上部容器に揮発・拡散し，上部容器中のウニ幼生が管足で疎水性膜と接触することによってDBMを感知することができることが特徴である．この装置を用いて，キタムラサキウニおよびエゾバフンウニ幼生の変態がDBMの濃度と被曝時間によってどのように誘起されるのかを明らかにするために実験を行った．はじめに，DBM（和光純薬株式会社）25 gを濾過海水250 mlに入れ，暗条件で24時間撹拌し，溶け残ったことを確認して飽和溶液とした．

　キタムラサキウニ幼生のDBM飽和溶液の希釈率と被曝時間ごとの経時的な変態率を図4・2に示した．濾過海水とU. lensが着生した塩化ビニール製の波形の板（波板）の小片（35×40 mm）を入れた対照区では変態率が2時間後

に68％，24時間後に98％に達したのに対し，DBM 1/2希釈液では2時間後に93％，1/3希釈液では2時間後に30％，1/4希釈液では1時間後に5％の変態が誘起され，以後変態率の上昇は認められなかった．1/8，1/16希釈液，ならびに濾過海水のみのブランクでは幼生は変態しなかった．また，DBM 1/2希釈液に10～40分間被曝すると，1時間後に80％以上の幼生の変態が誘起され，24時間後に85～97％に達した．5分間被曝すると，変態率が1時間後に58％，4時間後に63％となり，以後変化しなかった．2.5分間被曝すると，1時間後に18％，1分間の被曝であっても，1時間後に4％の幼生の変態が認められた．

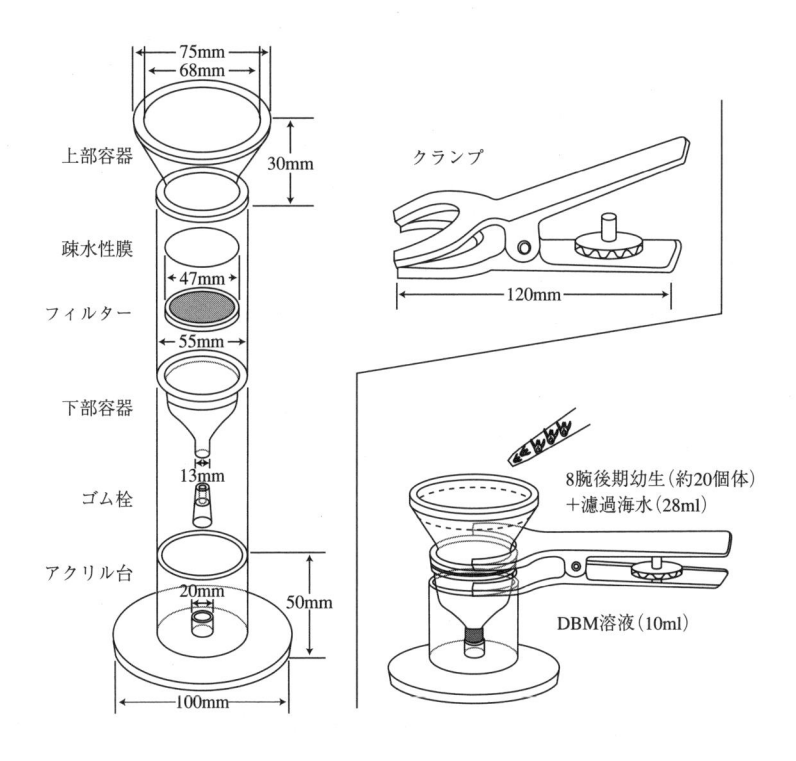

図4・1 ジブロモメタンの変態誘起実験のための新規装置
(Agatsumaら[12]を引用)．

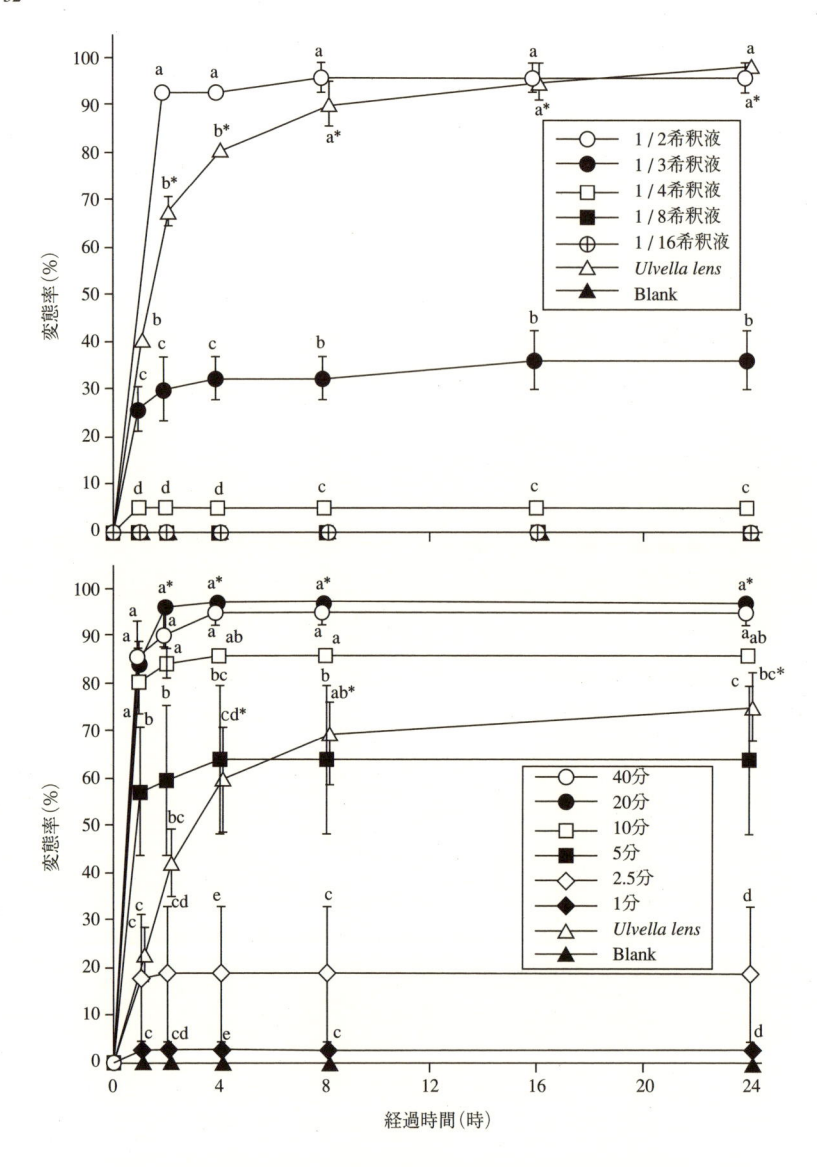

図4・2 キタムラサキウニ幼生に対するジブロモメタンの変態誘起活性
上：希釈率による変態誘起活性，下：被曝時間による変態誘起活性．経過時間ごとに対照区と実験区での変態率に有意差が認められた場合，アルファベットを変えて表記した．＊は各濃度において変態率が1時間後より有意に上昇することを示す．（Agatsumaら[12]を引用）．

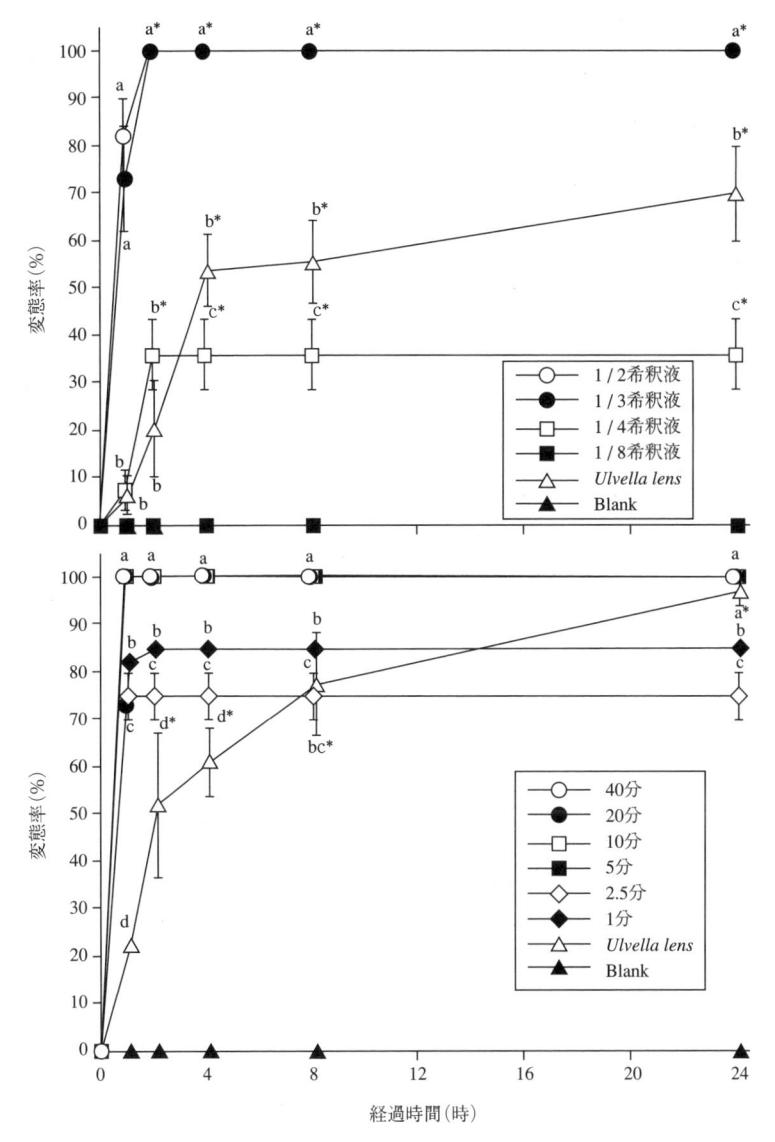

図4・3　エゾバフンウニ幼生に対するジブロモメタンの変態誘起活性
上：希釈率による変態誘起活性，下：被曝時間による変態誘起活性．経過時間ごとに対照区と実験区での変態率に有意差が認められた場合，アルファベットを変えて表記した．＊は各濃度において変態率が1時間後より有意に上昇することを示す．(Agatsumaら[12]を引用)．

エゾバフンウニ幼生に対する同様の実験結果を図4・3に示した．対照区の*U. lens*では変態率が4時間後に53％，24時間後に70％に達したのに対し，DBM 1/2と1/3希釈液では変態率が1時間後にそれぞれ82％と73％となり，2時間後にいずれも100％に達した．1/4希釈液では変態率が2時間後に36％となり，以後変化しなかった．1/8希釈液と濾過海水のみでは，変態は認められなかった．DBM 1/2希釈液に5～40分間被曝すると，1時間後に100％の変態が誘起された．2.5分間被曝すると，1時間後に74％，1分間の被曝であっても，1時間後に82％の変態が誘起された．

GC-MS分析によって，キタムラサキウニ幼生はDBM 52～61 ppmで10分間，エゾバフンウニ幼生は34～43 ppmで5分間被曝すると，1時間以内に80％以上が変態が誘起されることがわかった．ウニ幼生が無節サンゴモの分泌するDBMによって短時間で高率に変態を誘起されることは，無節サンゴモ群落におけるウニの高い加入水準を保障していると考えられる．

§2．海中林のウニ・アワビ幼生の変態阻害

コンブ目褐藻のアラメとコンブ属の1種*Laminaria longicruris*海中林においては，林床を無節サンゴモが被覆することが多いにも関わらず，キタムラサキウニやホクヨウオオバフンウニの変態稚仔が少なく[7, 8]，またカジメ属褐藻海中林やジャイアント・ケルプ*Macrocystis pyrifera*海中林においては，ニュージーランドウニやアメリカムラサキウニの変態稚仔の死亡率が高い[13, 14]ことが報告されている．これらの事実は，無節サンゴモがウニ幼生の変態を誘起するのに対して，コンブ目褐藻海中林はウニ幼生の変態を阻害する仕組みがあることを示している．大形褐藻アラメ・クロメが生きている状態で分泌する揮発物質2,4-ジブロモフェノール（DBP）と2,4,6-トリブロモフェノール（TBP）[15]によってウニ幼生の変態が阻害されているのではないかと考えた．そこで，前述の新規実験装置（図4・1）を用いてキタムラサキウニとエゾバフンウニ幼生のDBPとTBPの濃度に対する変態阻害活性の経時変化を調べた[16]*²．

キタムラサキウニ幼生は，DBMを被曝させた濾過海水のみの対照区で，

---

*² 遠藤　光・李　景玉・吾妻行雄・谷口和也：ウニは海中林内で何故発生できないのか？，平成18年度日本水産学会講演要旨集，p117（2006）．

1時間後に100％が変態した．これに対して，DBP 1ppmと10 ppmでは変態率が2時間後にそれぞれ43％と5％となり，以後変化しなかった．20 ppmと50 ppmでは1時間以内に全個体が死亡した．TBP 1 ppmでは変態率が1時間後に73％に達し，以後変化しなかった．10 ppmと20 ppmでは変態率が2時間後に約40％となり，以後変化しなかった．50 ppmでは1時間以内に全個体が死亡した．

エゾバフンウニ幼生は，DBMを被曝させた対照区で，変態率が1時間後に43％，24時間後に75％に達した．1時間以内に全個体が変態するという吾妻ら[12]の報告と結果が異なったが，これは実験に用いた幼生に変態間近の8腕後期に達していない幼生が混入したことによると考えられる．これに対して，DBP 1 ppmと5 ppmでは変態阻害活性が認められず，10 ppmでは変態率が1時間後に25％となり，以後有意な上昇が認められなかった．20 ppmと50 ppmでは1時間以内に全個体が死亡した．TBP 1 ppmでは阻害活性が認められず，5 ppmと10 ppmでは変態率がそれぞれ24時間後と4時間後に対照区より有意に低かった．20 ppmでは変態率が24時間後にも10％以下であり，50 ppmでは1時間以内に全個体が死亡した．

このように，キタムラサキウニ幼生は，DBPとTBPのそれぞれ1～10 ppmと1～20 ppmで2時間以内に変態が阻害され，20～50 ppmと50 ppmで1時間後に死亡した．エゾバフンウニ幼生は，DBPとTBPのそれぞれ10 ppmと10～20 ppmで1～4時間以内に変態が阻害され，20～50 ppmと50 ppmで1時間後に死亡し，いずれもDBPがTBPよりも低濃度で阻害効果をもたらすことが明らかになった．

沿岸岩礁域でウニとともに生活するアワビも無節サンゴモ群落においては変態稚仔が多数生息することが報告されている[9, 17-19]．また，無節サンゴモに覆われる浅所の転石域でも着底・変態するとされている[20]．しかし，アラメなどの海中林においては変態稚仔がほとんど認められない[19]．ウニ幼生と同様に，DBPとTBPによってアワビ幼生の着底・変態が阻害されている可能性がある．そこで，エゾアワビ幼生に対するDBPとTBPの着底・変態阻害活性を調べた[*3]．

[*3] 李　景玉・吾妻行雄・谷口和也：エゾアワビは海中林内では発生できない，平成19年度日本水産学会春季大会講演要旨集，p182（2007）．

着底・変態の基質としてエゾアワビ幼生の採苗直前のアワビの足跡粘液を付着させた波板小片（45×30 mm）を生物実験に用いた．濾過海水20 mlを入れた蓋付腰高シャーレ（直径55 mm，高さ30 mm）に波板小片を入れ，その中に積算温度1300℃に達して頭部触角に第3小突起を生じたエゾアワビの被面子幼生を約30個体収容した．その直後，2種のブロモフェノールを各濃度に調整し，経時的に実体顕微鏡で遊泳，着底，変態，横転，死亡個体数を測定し，全個体数に対する割合の経時変化を調べた．着底は面盤の繊毛を断続的に動かして匍匐したり定位すること，変態は静止した状態で面盤を脱離すること，横転は生存して横に倒れて正常に着底しないこと，死亡は組織の崩壊，変色，組織の動きが認められないことを示す（図4・4）．

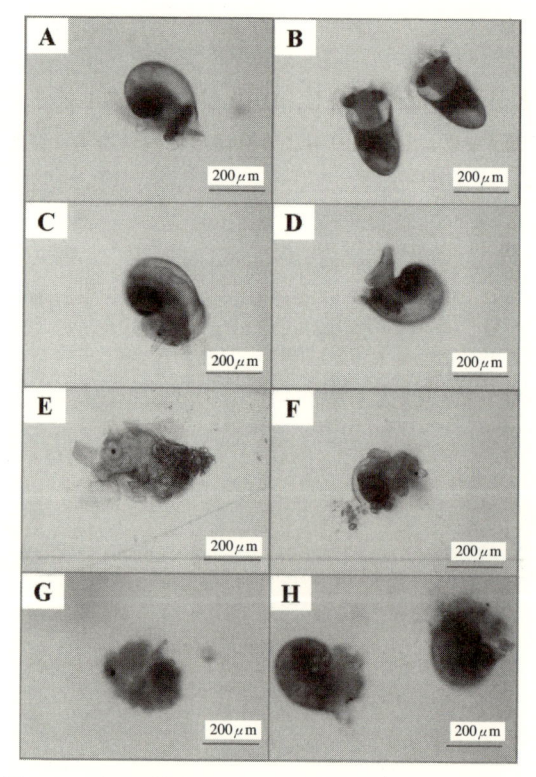

図4・4　エゾアワビ幼生のジブロモフェノールおよびトリブロモフェノールに対する影響
　　　　A；遊泳，B；着底，C；変態，D；横転，E〜H；死亡．

エゾアワビ幼生は，波板小片と濾過海水を入れた対照区で2時間後に70％の個体が着底し，8時間後に65％，24時間後に85％の個体が変態した．これに対して，DBP 1 ppmでは着底・変態阻害活性が認められなかった．10 ppmでは着底率と変態率が常に15％と2％以下で，横転率が2時間後に有意に上昇し，4時間後に最大の74％となり，24時間後でも50％と高かった．死亡率は8時間後に有意に上昇し，24時間後に41％となった．50 ppmでは2時間後に全個体が死亡した．TBP 1 ppmでは着底・変態阻害活性が認められなかった．10 ppmでは変態率が8時間後に15％，24時間後に53％となった．そして，横転率が2時間後に有意に上昇し，8時間後に最大の63％に達し，24時間後に30％に低下したが，死亡は認められなかった．50 ppmでは2時間後に横転率が76％，4時間後に死亡率が76％となり，8時間後に全個体が死亡した．このように，エゾアワビ幼生も，TBPに比べてDBPの着底・変態阻害活性と毒性が高いことがわかった．しかし，DBPとTBPの各1 ppmで変態が阻害されず，キタムラサキウニ幼生よりもより高濃度で耐性をもつことが明らかになった．

海中林はDBPとTBPを分泌して低濃度で短時間にウニ・アワビ幼生を死亡させ，より低濃度で幼生の変態を阻害して加入を阻止すると考えられる．

§3. 化学交信物質を介した海藻―植食動物の種間関係

岩礁生態系における海藻とウニ・アワビなどの植食動物とは，食う－食われるの種間関係に加えて，化学交信物質を介して相互に作用して成立している（図4・5）．無節サンゴモがDBMを常時多量に生産してウニ幼生の変態を誘起して加入を促進させることは，ウニによる高い摂食圧を持続させ，後から入植する海藻の侵入を妨害することによって自らの群落を維持する生存戦略と考えられる[11, 12]．無節サンゴモ群落はウニ発生の場となっている．これに対して，小形多年生海藻のフクリンアミジ，エゾヤハズ，ならびにシワヤハズが植食動物の幼生の着底・変態あるいは摂食を阻害するテルペンやフェノール化合物を生産することによって，植食動物を群落から排除している[21-28]．また，大形多年生のアラメ，カジメ属褐藻がポリフェノール化合物を生産することによって，植食動物の摂食を阻害している[29-31]．さらに，大形多年生褐藻のアラメ，

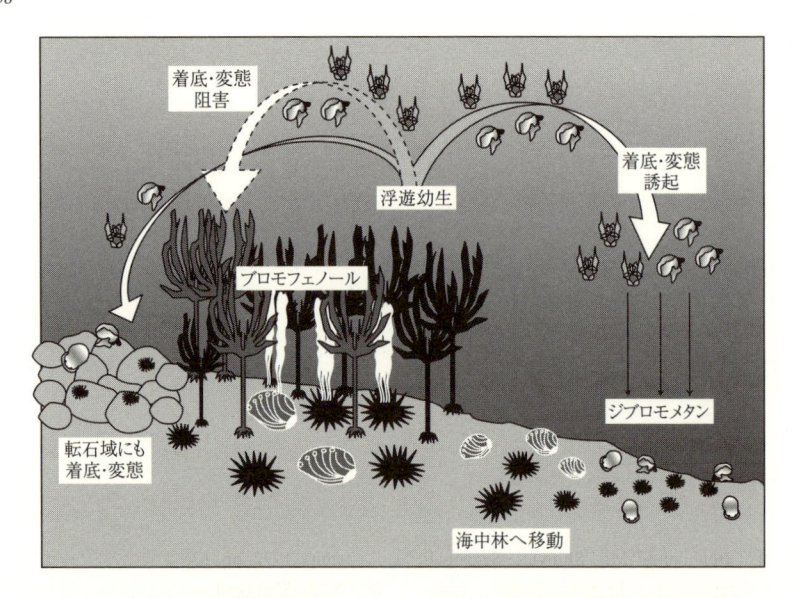

図4・5　無節サンゴモ群落と海中林のウニ・アワビ幼生の着底・変態誘起と阻害の模式

クロメは，DBPとTBPを生産することによってウニ・アワビ幼生の着底・変態，すなわち発生を阻害することも明らかになった．これらの事実より，磯焼けの回復と持続，すなわち海中林の拡大と縮小には各遷移相を構成する海藻の化学交信物質を介した植食動物との種間相互作用が重要な役割を果たしていると結論される．

文　献

1) K. Taniguchi: Marine afforestation of *Eisenia bicyclis* (Laminariaceae; Phaeophyta), *NOAA Tech. Rep. NMFS*, 102, 47-57 (1991).
2) C. Harrold and D. C. Reed: Food availability, sea urchin grazing, and kelp forest community structure, *Ecology*, 66, 1160-1169 (1985).
3) 谷口和也・蔵多一哉・鈴木　稔：海藻のケミカルシグナル―生存戦略としての化学的防御, 化学と生物, 32, 434-442 (1994).
4) 谷口和也：海中林造成の基礎と実践, 藻類, 44, 103-108 (1996).
5) R. A. Cameron and S. C. Schroeter: Sea urchin recruitment: effect of substrate selection on juvenile distribution, *Mar. Ecol. Prog. Ser.*, 2, 243-247 (1980).
6) R. J. Rowley: Settlement and recruitment of sea urchis (*Strongylocentrotus* spp.) in a sea-urchin barren ground and kelp bed: are populations regulated by settlement or post-settlement processes?, *Mar.*

Biol., 100, 485-494 (1989).
7) M. Sano, M. Omori, K. Taniguchi, T. Seki and R. Sasaki: Distribution of the sea urchin *Strongylocentrotus nudus* in the rocky coastal area of the Oshika Peninsula, northern Japan, *Benthos Res.*, 53, 79-87 (1998).
8) T. Balch and R. E. Scheibling: Temporal and spatial variability in settlement and recruitment of echinoderms in kelp beds and barrens in Nova Scotia, *Mar. Ecol. Prog. Ser.*, 205, 139-154 (2000).
9) L. Day and G. M. Branch: Relationships between recruits of the abalone *Haliotis midae*, encrusting corallines and the sea urchin P*arechinus angulosus, S. Afr. J. Mar. Sci.*, 22, 145-156 (2000).
10) N. Itoh and M. Shinya: Seasonal evolution of bromomethanes from coralline algae (Corallinaceae) and its effect on atmospheric ozone, *Mar. Chem.*, 45, 95-103 (1994).
11) K. Taniguchi, K. Kurata, T. Maruzoi and M. Suzuki: Dibromomethane, a chemical inducer of larval settlement and metamorphosis of the sea urchin *Strongylocentrotus nudus, Fish. Sci.*, 60, 795-796 (1994).
12) Y. Agatsuma, T. Seki, K. Kurata and K. Taniguchi : Instantaneous effect of dibromomethane on metamorphosis of larvae of sea urchins *Strongylocentrotus nudus* and *Strongylocentrotus intermedius, Aquaculture*, 251, 549-557 (2006).
13) N. L. Andrew and J. H. Choat: Habitat related differences in the survivorship and growth of juvenile sea urchins, *Mar. Ecol. Prog. Ser.*, 27, 155-161 (1985).
14) R. J. Rowley: Newly settled sea urchins in a kelp bed and urchin barren ground: a comparison of growth and mortality, *Mar. Ecol. Prog. Ser.*, 62, 229-240 (1990).
15) T. Shibata, Y. Hama, T. Miyasaki, M. Ito and T. Nakamura: Extracellular secretion of phenolic sunstances from living brown algae, *J. Appl. Phycol.*, 18, 787-794 (2006).
16) Y. Agatsuma, H. Endo and K. Taniguchi: Inhibitory effect of 2, 4-dibromophenol and 2,4,6-tribromophenol on larval survival and metamorphosis of the sea urchin *Strongylocentrotus nudus, Fish. Sci.*, 74, 837-841 (2008).
17) P. E. Mcshane : Early life history of abalone: a review, Abalone of the world: biology, fisheries and culture (ed. by S. A. Shepherd, M. Tegner, S. A. Guzmán del Próo), Blackwell Scientific Publications, 1992, pp. 120-138.
18) S. A. Shepherd and S. Daume : Ecology and survival of juvenile abalone in a crustose coralline habitat in South Australia, Survival strategies in early life stage of marine resources (ed. by Y. Watanabe, Y. Yamashita, Y. Oozeki), A. A. Balkema Publishers, 1996, pp. 297-313.
19) 佐々木良：エゾアワビの加入機構に関する生態学的研究，宮城水産研報, 1, 1-86 (2001).
20) T. Seki and K. Taniguchi: Rehabilitation of northern Japanese abalone, *Haliotis discus hannai*, populations by transplanting juveniles, *Can. Spec. Publ. Fish. Auqat. Sci.*, 130, 72-83 (2000).
21) K. Kurata, M. Suzuki, K. Shiraishi and K. Taniguchi: Spatane-type diterpenes with biological activity from the brown alga *Dilophus okamurai, Phytochemistry*, 27, 1321-1324 (1988).
22) 谷口和也・白石一成・蔵多一哉・鈴木稔：褐藻フクリンアミジのメタノール抽出物に含まれるエゾアワビ被面子幼生の着

底,変態阻害物質とその作用,日水誌, **55**, 1133-1137 (1989).
23) K. Kurata, K. Taniguchi, K. Shiraishi and M. Suzuki: Feeding-deterrent diterpenes from the brown alga *Dilophus okamurai*, *Phytochemistry*, **29**, 3453-3455 (1990).
24) 白石一成・谷口和也・蔵多一哉・鈴木稔:褐藻フクリンアミジのメタノール抽出物によるキタムラサキウニの摂食に及ぼす影響,日水誌, **57**, 1591-1595 (1991).
25) 谷口和也・蔵多一哉・鈴木 稔・白石一成:褐藻フクリンアミジのジテルペン類によるエゾアワビに対する摂食阻害作用,日水誌, **58**, 1931-1936 (1992).
26) 白石一成・谷口和也・蔵多一哉・鈴木稔:褐藻エゾヤハズのメタノール抽出物によるキタムラサキウニとエゾアワビに対する摂食阻害作用,日水誌, **57**, 1945-1948 (1991).
27) 白石一成・谷口和也・蔵多一哉・鈴木稔:褐藻エゾヤハズの植食腹足類2種に対する摂食阻害作用,東北水研研報, **54**, 103-106 (1992).
28) 谷口和也・山田潤一・蔵多一哉・鈴木稔:褐藻シワヤハズのエゾアワビに対する摂食阻害物質,日水誌, **59**, 339-343 (1993).
29) 谷口和也・蔵多一哉・鈴木 稔:褐藻ツルアラメのポリフェノール化合物によるエゾアワビに対する摂食阻害作用,日水誌, **57**, 2065-2071 (1991).
30) 谷口和也・秋元義正・蔵多一哉・鈴木稔:褐藻アラメの植食動物に対する化学的防御機構,日水誌, **58**, 571-575 (1992).
31) 谷口和也・蔵多一哉・鈴木 稔:コンブ科褐藻数種のエゾアワビに対する摂食阻害活性,日水誌, **58**, 577-581 (1992).

II. 磯焼けの持続機構

5章　ウニの生殖周期と海藻群落への摂食活動

吾　妻　行　雄＊

　キタムラサキウニ幼生が着底・変態する主要な場所は無節サンゴモ群落である[1]．しかし，稚仔の加入量は年によって変動し，浮遊期に相当する9月の水温が20℃以上と高いと翌年の稚仔の加入量が多い正の相関が認められる[2]．高水温によって浮遊期間が短縮し，死亡率が低減されて，加入率の向上に寄与すると考えられる．北海道日本海沿岸において，キタムラサキウニの加入は1990年以降，ほぼ毎年継続して認められている[2,3]．

　オオキタムラサキウニ，ホクヨウオオバフンウニ，オーストラリアアスナロガンガゼならびにアメリカシロウニは，加入後にコンブ目褐藻あるいは海草群落の生育下限に索餌移動して，摂食前線と呼ばれる高密度な帯状の集団を形成し，その高い摂食圧によって群落を崩壊させることが知られている[4-7]．摂食前線の形成は，大きな加入，移入あるいは天敵の減少によるウニ個体群の増加[8]，流れ藻の減少によって，受動的から能動的な摂食活動へと切り替わることによって[9,10]開始するとされている．一方，成長してある大きさに達すると食性が転換して海中林を食物として移動することがチリウニ，チチュウカイシラヒゲウニモドキならびにヨーロッパムラサキウニで報告されている[11-13]．しかし，ウニと海藻群落間の食物関係はウニの季節的な摂食活動，成長，生殖巣の発達など生活の年周期との対応関係で調べられていない．

　ここでは，日本の沿岸岩礁域で主要な漁獲対象種であるキタムラサキウニあるいはバフンウニとコンブ目褐藻，ヒバマタ目褐藻ならびにスジウスバノリおよびツノマタ属紅藻の優占する小形海藻群落との食物関係をウニの生活年周期と対応させて調べた研究結果を述べる．そして，ウニの摂食圧が磯焼けの持続をもたらす機構について言及する．

＊ 東北大学大学院農学研究科

調査は，潮間帯から潮下帯に水深別に設定した永久実験区で周年行った．コドラート法により実験区すべてに生息するウニの密度と殻径を調べた．同時に，水深別に海藻の現存量を調べた．得られた海藻群落の垂直分布に対応させてウニの生殖巣の量的な発達の指標となる生殖巣指数（生殖巣重量×100／体重）あるいは生殖細胞の形成過程を組織学的に調べた．また，成長と生殖巣の発達をもたらす食物を明らかにするために消化管内容物を同定した．なお，宮城県牡鹿半島泊浜沿岸では，海藻群落の帯状構造に対応させてキタムラサキウニの密度，大きさ，年齢構成の季節変化，そして人工種苗の導入とCoded wireの標識によってウニの季節的な移動を調べた．

§1. コンブ目褐藻群落
1・1　ホソメコンブ群落

北海道小樽市忍路湾において，1994年から1995年にかけて，沖出し15 m，幅2 mの30 m^{2}の実験区でキタムラサキウニのホソメコンブ群落に対する摂食活動を調べた[14]．実験区は沖出し3 mまで潮間帯，沖出し5～15 mまで緩斜面となって水深2.7 mにいたる．緩斜面には周年無節サンゴモが優占し，2月にのみ短命な緑藻エゾヒトエグサが入植した．ホソメコンブ群落は周年潮間帯にのみ形成されて，著しく縮小していることから磯焼けが極度に進行していると判断された．

満1歳以上のキタムラサキウニは，7月以降，食物となる流れ藻の減少にともない，成熟と産卵に向けて生殖巣の量的な発達を保障させるために深所の無節サンゴモ群落から潮間帯のホソメコンブ群落へと索餌移動して生育藻体を直接摂食した．そして，11月以降は，ホソメコンブ群落の消失と強い波浪にも影響されて再び無節サンゴモ群落へと移動した．キタムラサキウニの満1歳未満の個体は，多細胞の大形海藻へ食性が転換されていないために，周年無節サンゴモ群落内で単細胞あるいは微少な藻類を摂食して生活することがわかった．

1・2　アラメ群落

牡鹿半島泊浜沿岸において，1995年から1996年にかけてキタムラサキウニのアラメ群落に対する摂食活動を調べた[1, 15]．ここでは，浅所から深所へ転石

域，エゾノネジモク群落，アラメ群落，無節サンゴモ群落からなる明瞭な帯状構造が認められた．アラメは水深2～6 mで優占群落を形成した．

深所の無節サンゴモ群落で着底・変態したキタムラサキウニ稚仔は，満1歳の7月頃から成長の速い個体からアラメ群落へ移動し，アラメの落葉を主に摂食して成熟・産卵に向けて生殖巣を量的に発達させた．アラメの生育藻体はフロロタンニンを生産して植食動物の摂食を阻害するが，落葉ではフロロタンニンが溶出している[16]．ウニは12月から2月に再び無節サンゴモ群落へ移動した．しかし，不動石の下にすみ場を見出してアラメ群落にとどまる個体もみとめられた．

§2. ヒバマタ目褐藻群落

2001年から2002年にかけて秋田県男鹿半島南岸の椿沿岸において，キタムラサキウニおよびバフンウニのヒバマタ目褐藻群落に対する摂食活動を調べた[17]．沖出し60 m，幅2 mの120 m²を実験区とした．実験区は，周年ジョロモク，マメタワラ，ヤツマタモクが優占するヒバマタ目褐藻群落が形成される水深0.3～2.4 mと周年無節サンゴモが優占するそれ以深4.7 mにいたる2群落に区分された．キタムラサキウニは深所の無節サンゴモ群落において密度が最

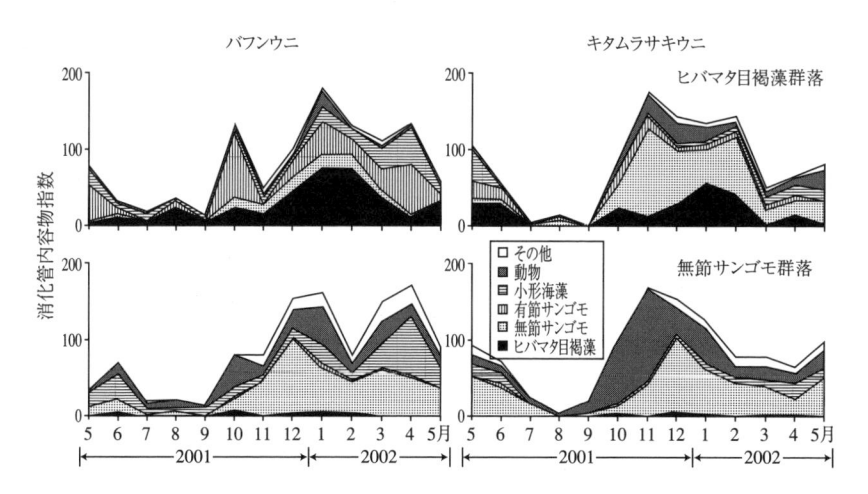

図5・1 バフンウニとキタムラサキウニの消化管内容物指数の季節変化
消化管内容物指数＝消化管内容物重量（乾）×（10000／（体重－生殖巣重量（湿））

も高く，そこでフジツボ類を中心とした固着動物を摂食して（図5・1）生殖巣を量的に発達させた．そのため浅所に形成されるヒバマタ目褐藻群落へ移動しないことが明らかになった．また，バフンウニはヒバマタ目褐藻群落で周年にわたり密度が最も高かった．しかし，生殖巣の量的な発達は無節サンゴモ群落の個体と同様に周年11未満と極めて低かった．これは，直立する藻体を十分に摂食できず，林床に生育する栄養価の低い有節サンゴモ[18]を主要な食物（図5・1）としていることに起因した．

§3. 小形海藻群落

1998年から1999年にかけて宮城県女川湾指ケ浜沿岸の沖出し50 m，幅2 mの100 m^2の実験区において，バフンウニの小形海藻群落に対する摂食活動を調べた[19]．実験区は，沖出し10 mまで潮間帯，沖出し24 mの水深0.3 mまで岩石が優占する緩傾斜域となり，ここに周年小形海藻群落が形成された．それ以遠，沖出し50 mの水深2.8 mまでは周年無節サンゴモが優占した．

バフンウニの密度は小形海藻群落で最も高く，次いでそれに続く無節サンゴモ群落の上部で高かった．本種の性成熟サイズは殻径26 mmとされている[20]．主に成体となった殻径32～36 mmの個体は成熟・産卵に向けて生殖巣の量的な発達を保障させるために，水温が年間最も低下し，波浪も高い11月から3月に無節サンゴモ群落から浅所の小形海藻群落へと索餌移動した（図5・2）．主要な食物は，この時期に優占する紅藻スジウスバノリであった．索餌移動したウニは，以後無節サンゴモ群落へは戻らずに，小形海藻群落の岩石下を主要なすみ場として選択し，6月から10月まで季節的に優占するツノマタ属紅藻を主要な食物として成長することがわかった．

これらの研究により，キタムラサキウニは7月から9月，バフンウニでは11月から3月にコンブ目褐藻群落あるいは小形海藻群落へと索餌移動することが明らかになった．いずれも種固有の生殖周期の中で，成熟と産卵に向けて生殖巣の量的な発達を保障させるためであると結論される．また，男鹿半島椿沿岸で明らかにされたように，キタムラサキウニは，無節サンゴモ群落で食物が保障されて生殖巣が量的に発達するとヒバマタ目褐藻群落へは移動しない新たな事実も見いだされた．

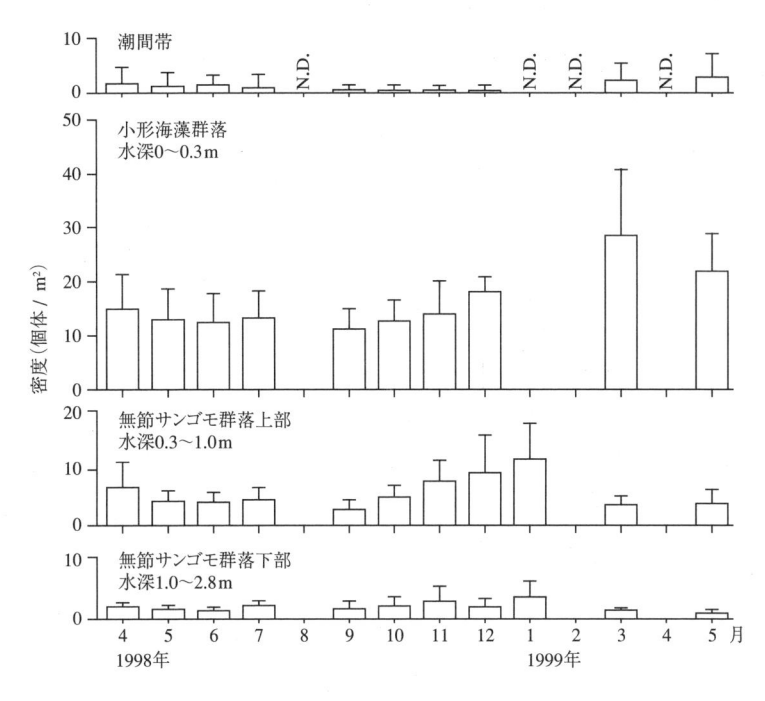

図5・2　女川湾指ヶ浜沿岸におけるバフンウニの密度の季節変化

§4. ウニの摂食圧と磯焼けの持続
4・1　キタムラサキウニ

北日本沿岸では，大きな加入あるいは捕食者の減少によって形成されたウニの大きな個体群の高い摂食圧によって海中林が崩壊した事実は認められていない．Ⅰ-3章で成田らが報告したように，高水温・貧栄養な海況条件下では，コンブ目褐藻群落の浅所への縮小にともなう無節サンゴモ群落の拡大によって磯焼けが発生する．無節サンゴモ群落が拡大すると，そこでのキタムラサキウニの加入が保障される．しかし，加入したウニは高水温と食物条件の悪化によって生殖巣の量的な発達が保障されず，縮小したコンブ目褐藻群落へと活発に索餌移動する．北海道日本海大成町沿岸では，春季に周辺から大量に移動したキタムラサキウニの摂食圧によって，投石によって形成されたホソメコンブ群落が崩壊したことが報告されている[21]．高水温・貧栄養な海況条件が続く限りウ

ニの高い摂食圧によって磯焼けは持続するといえる．北海道日本海沿岸において，冬季から春季に海水温が低下することによってホソメコンブ群落が深所へ拡大する年には，キタムラサキウニは食物が保障されて生殖巣が春季の早期に量的に発達し，以後活発な摂食活動が認められない．しかし，群落が縮小する温暖な年には春季から活発に索餌して摂食活動が認められることが野外実験で確かめられている[22]．北日本沿岸では海況変動によって無節サンゴモ群落が拡大する遷移の退行あるいは海中林が拡大する遷移の進行がもたらされて一次消費者のウニの生物生産が左右される．

4・2 バフンウニ

日本では，キタムラサキウニ[23-26]，エゾバフンウニ[26]，ムラサキウニ[27]の海藻群落に対する摂食圧が磯焼けの持続因であることがウニの除去あるいは摂食圧の吸収実験によって検証されている．バフンウニは九州南端から本州の全沿岸および北海道津軽海峡西部から日本海礼文島沿岸まで日本では最も広域に分布する[28,29]．栄養塩濃度の高い大阪湾では，バフンウニとムラサキウニを通常のそれぞれ10個体/m^2および3個体/m^2の約2倍の密度に操作しても，摂食圧による直立海藻の消失は持続しないことが報告されている[30]．外洋に面した和歌山県日ノ御崎沿岸では，2001年6月に近隣河川からの大量出水によって塩分濃度が著しく低下してバフンウニとムラサキウニが大量死亡した．その後，平年よりも約2℃高い水温で推移したにも関わらず，今まで潮間帯にのみ生育したアラメが水深1mまで群落を拡大した[31]．大量死亡前のアラメ下限域のバフンウニの密度は40個体/m^2以上（最大94個体/m^2）に対してムラサキウニは10個体/m^2未満であったことから，主にバフンウニの摂食圧もアラメ群落の形成を阻害する一因であることが検証された．

§5. 今後の課題

今まで海藻群落ごとに明らかにされてきたバフンウニの生殖巣指数を表5・1に示す．生殖巣指数は無節サンゴモ群落では低い値が得られている．しかし，ヒバマタ目褐藻群落では，男鹿半島椿沿岸の周年11未満[17]に対して同半島北岸の西黒沢沿岸では成熟前の9月で16.3[32]，そして，北海道忍路湾では年間ピーク時の値が25を超え[33]，大きく異なっている．ヒバマタ目褐藻の生育藻

表5・1 バフンウニの海藻群落による年間最高時の生殖巣指数

場所	海藻群落	生殖巣指数	文献
北海道忍路湾	ヒバマタ目褐藻 ホンダワラ属褐藻	＞20	Agatsuma and Nakata（2004）
秋田県男鹿半島椿	ジョロモク, マメタワラ, ヤツマタモク	9.8	Endoら（2007）
宮城県女川湾指ヶ浜	小形海藻 ツノマタ, スジウスバノリ	18.5	Agatsumaら（2006）
宮城県女川湾指ヶ浜	殻状海藻 無節サンゴモ	11.2	Agatsumaら（2006）
秋田県男鹿半島椿	無節サンゴモ	10.5	Endoら（2007）

体は，フロロタンニン[34]を生産することによる植食動物の摂食に対する化学的防御，強靱な藻体による物理的防御[35]，ならびに直立する藻体が摂食を困難にするため，偶発的に生成される流れ藻が食物として利用されると考えられる．西黒沢沿岸では7月に水深約7 mまでヒバマタ目褐藻群落が形成され，水深3 m以浅では現存量はほぼ3 kg / m^{2}以上と高い[32]．したがって，流れ藻の量は現存量と群落の規模によって決定されてバフンウニの生殖巣の量的な発達の差をもたらすと考えられる．相互関係を明確にして，ヒバマタ目褐藻群落の縮小あるいは消失にウニの摂食圧がどのように関わっているのか，構成海藻の水温と栄養塩に対する生理的な閾値と対応させて明らかにする必要がある．

文　献

1) M. Sano, T. Omori, K. Taniguchi, T. Seki and R. Sasaki : Distribution of the sea urchin Strongylocentrotus nudus in relation to marine algal zonation in the rocky coastal area of the Oshika Peninsula, northern Japan, Benthos Res, 53, 79-87（1998）．

2) Y. Agatsuma, S. Nakao, S. Motoya, K. Tajima and T. Miyamoto : Relationship between year-to-year fluctuations in recruitment of juvenile sea urchins Strongylocentrotus nudus and seawater temperature in southwestern Hokkaido, Fish. Sci., 64, 1-5（1998）．

3) 干川　裕：北海道日本海沿岸における水温変動とウニ類稚仔の発生状況，月刊海洋, 38, 205-209（2006）．

4) C. Harrold and D. C. Reed : Food availability, sea urchin（Strongylocentrtotus franciscanus）grazing and kelp forest community structure, Ecology, 66, 1160-1169（1985）．

5) R. J. Miller : Succession in sea urchin and seaweed abundance in Nova Scotia, Canada, Mar. Biol., 84, 275-286（1985）．

6) N. L. Andrew and A. J. Underwood : Density-dependent foraging in the sea urchin Centrostephanus rodgersii on shallow subtidal reefs in New South Wales, Australia, Mar. Ecol. Prog. Ser.,

99, 89-98（1993）.
7) C.D. Rose, W.C. Sharp, W.J. Kenworthy, J. H. Hunt, W. G. Lyons, E. G. Prager, J. F. Valentine, M. O. Hall, P. E. Whitfield and J. W. Fourqurean : Overgrazing of a large seagrass bed by the sea urchin *Lytechinus variegatus* in Outer Florida Bay, Mar. Ecol. Prog. Ser., 190, 211-222 (1999).
8) J. M. Lawrence : On the relationship between marine plants and sea urchins. Oceanogr. Mar. Biol. Ann. Rev., 13, 213-286 (1975).
9) T. A. Dean, S. C. Schroeter and J. D. Dixon : Effects of grazing by two species of sea urchin (*Strongylocentrotus fraciscanus* and *Lytechinus anamesus*) on recruitment and survival of two species of kelp (*Macrocystis pyrifera* and *Pterygophora californica*). Mar. Biol., 78, 301-313（1984）.
10) A. W. Ebeling, D. R. Laur and R. J. Rowley : Severe storm disturbances and reversal of communitiy structures in a southern California kelp forest, Mar. Biol., 84, 287-294（1985）.
11) C. Guisado and J. C. Castilla : Historia de vida, reproducción y avances en el cultivo del erizo comestible chileno *Loxechinus albus* (Molina, 1782) (Echinoidea, Echinidae), Manejo y desarrollo Pesquero, Escuela de ciencias del mar (ed by P. Arana), U. Católica de Valparaíso, 1987, pp. 59-68.
12) M. Guillou and C. Michel : Reproduction and growth of *Sphaerechinus granularis* (Echinodermata: Echinoidea) in southern Brittany, J. Mar. Biol. Ass. UK., 73, 179-192（1993）.
13) C. Fernandez, A. Caltagirone and M. Johnson: Demographic structure suggests migration of the sea urchin *Paracentrotus lividus* in a coastal lagoon, J. Mar. Biol, Ass. UK., 81, 361-362（2001）.
14) 吾妻行雄：キタムラサキウニの個体群動態に関する生態学的研究．北水試研報，51，1-66（1997）.
15) M. Sano, M. Omori, K. Taniguchi and T. Seki : Age distribution of the sea urchin *Strongylocentrotus nudus*（A. Agassiz）in relation to algal zonation in a rocky coastal area on Oshika Peninsula, northern Japan, Fish. Sci., 67, 628-639 (2001).
16) 谷口和也・蔵多一哉・秋元義正・鈴木稔：褐藻アラメの植食動物に対する摂食阻害活性，日水誌，58，571-575（1992）.
17) H. Endo, N. Nakabayashi, Y. Agatsuma and K. Taniguchi : Food of the sea urchins *Strongylocentrotus nudus* and *Hemicentrotus pulcherrimus* associated with vertical distributions in fucoid beds and crustose coralline flats in northern Honshu, Japan., Mar. Ecol. Prog. Ser., 352, 125-135（2007）.
18) B. R. Larson, R. L. Vadas and M. Keser : Feeding and nutritional ecology of the sea urchin *Strongylocentrotus droebachiensis* in Maine, USA, Mar. Biol., 59, 49-62 (1980).
19) Y. Agatsuma, H. Yamada and K. Taniguchi : Distribution of the sea urchin *Hemicentrotus pulcherrimus* along a shallow bathymetric gradient in Onagawa Bay in northern Honshu, Japan, J. Shellfish Res., 25, 1027-1036（2006）.
20) 川名　武：バフンウニの増殖について，水産研究誌，33，104-116（1938）.
21) 名畑進一・阿部英治・垣内政宏：北海道南西部大成町の磯焼け，北水試研報，38，1-14（1992）.
22) Y. Agatsuma, A. Nakata and K. Matsuyama: Seasonal foraging activity of the sea urchin *Strongylocentrotus nudus* on

coralline flats in Oshoro Bay in southwestern Hokkaido, Japan, *Fish. Sci.*, 66, 204-210 (2000).

23) 菊地省吾・浮　永久・秋山和夫・鬼頭　鈞・管野　尚・佐藤重勝・桜井喜十郎・鈴木　博：アワビ餌料藻類の造林技術開発に関する研究，浅海域における増養殖漁場の開発に関する総合研究，農林水産技術会議事務局研究成果116，1979，pp.129-189.

24) 沢田　満・三木文興・足助光久：コンブ藻場，藻場・海中林（日本水産学会編），恒星社厚生閣，1981，pp. 130-141.

25) 谷口和也：海中造林による魚介類・藻類の資源増大をめざして，海洋牧場（農林水産技術会議事務局編），恒星社厚生閣，1989，pp. 275-358.

26) 吾妻行雄：北海道日本海沿岸における藻場修復，磯焼けの機構と藻場修復（谷口和也編），恒星社厚生閣，1999，pp.84-97.

27) 四井敏雄・前迫信彦：対馬東岸の磯焼け帯における藻場回復実験，水産増殖，41，67-70（1993）.

28) 重井陸夫（1995）ウニ形亜門Echinozoa，原色検索日本海岸動物図鑑II（西村三郎編），保育社，1995，pp. 538-552.

29) Y. Agatsuma and H. Hoshikawa : Northward extension of geographic range of the sea urchin *Hemicentrotus pulcherrimus* in Hokkaido, Japan, *J. Shellfish Res.*, 26, 629-635 (2007).

30) 米田佳弘・藤田種美・中原紘之・豊原哲彦・金子健司：大阪湾の人工護岸域に形成された海藻群落の維持に及ぼすウニ類の影響．－ウニ類の密度操作による海藻群落の変化－，日水誌，73，1031-1041（2007）.

31) 吾妻行雄・狭間弘学・荒川久幸・谷口和也：和歌山県日ノ御崎沿岸におけるウニ個体群の変動と海中林の形成，磯焼けの発生要因の解明と克服技術の開発に関する生態学的研究（谷口和也編），東北大学大学院農学研究科水圏植物生態学研究室，2003，pp. 30-41.

32) Y. Agatsuma, N. Nakabayashi, N. Miura and K. Taniguchi : Growth and gonad production of the sea urchin *Hemicentrotus pulcherrimus* in the fucoid bed and algal turf in northern Japan, *Mar. Ecol.*, 26, 1-10 (2005).

33) Y. Agatsuma and A. Nakata : Age determination, reproduction and growth of the sea urchin *Hemicentrotus pulcherrimus* in Oshoro Bay, Hokkaido, Japan. *J. Mar. Biol. Ass. UK.*, 84, 401-405 (2004).

34) P. D. Steinberg : Feeding preferences of *Tegula funebralis* and chemical defenses of marine brown algae, *Ecol. Monogr.*, 55, 333-349 (1985).

35) M. M. Littler, D. S. Littler and P. R. Taylor : Evolutionary strategies in a tropical barrier reef system: Functional-form groups of marine macroalgae, *J. Phycol.*, 19, 229-237 (1983).

6章　植食魚類の移動および行動生態

山　口　敦　子*

　近年,日本の沿岸域では藻場の衰退が進んでおり,西日本では植食魚類による摂食と藻場の再生阻害との関連がその一因として指摘されるようになった.天然藻場での植食魚類による摂食と磯焼けとの因果関係は未だ解明されていないが,海洋の温暖化をはじめとした種々の環境変化とともに,植食魚類による摂食が藻場衰退の持続要因の1つとなっていることが示唆されている.今後,魚類による食害実態を解明し,藻場の維持・拡大を実現するためには,魚類の生態解明が急務である.そこで,筆者らの研究グループでは,長崎市の南西部にある野母崎半島沿岸域を主なフィールドとして,植食魚類の成長や繁殖,摂食生態,行動特性,系群構造などの生活実態に関する研究を進めているところである.なお,一連の研究は西海区水産研究所,長崎県総合水産試験場,長崎市野母崎行政センターと連携をとりながら行っている.本章では植食魚類の分布状況と行動生態を中心に,現在までに得られた成果について紹介する.

§1. 長崎県で見られる植食魚類

　長崎県では1998年の秋から冬にかけて,アラメやカジメ,クロメの葉状部が欠損していることが観察され,調査の結果,魚類の摂食によるものと考えられた[1].2001年には藻場に残された摂食痕と数種の植食魚類の摂食痕とが比較され,アイゴやブダイ,イスズミ類(図6・1)などによる摂食が藻場へ深刻な被害を与える原因となっていることが明らかにされた.現在ではその摂食痕を観察すれば,いずれの種によるものかを特定することが可能となっている[2].

　海藻を食害する魚類として,アイゴやブダイはかねてから注目されていたものの,2001年の報告でイスズミが初めて注目されることとなった.その後,長崎大学が中心となって行ったモニタリング調査により,長崎県には日本産全4種(イスズミ,ノトイスズミ,テンジクイサキ,ミナミイスズミ)のイスズ

---

*長崎大学水産学部

ミ属魚類が生息すること，また，3年間で採集したイスズミ類のうち約80%がノトイスズミであったことを確認した．最近の研究により，ノトイスズミは大きな群れを形成し，成長がよく，大型になることが明らかになりつつある．ノトイスズミの生物量次第では，注目されているアイゴなどよりも藻場へ重要なインパクトを与えている可能性もあり，生態解明が急がれる種の1つであることがわかった．

図6・1　長崎県で見られる植食魚類

§2. 植食魚類の行動生態

長崎ではこの10年来，秋になると顕著な食害が観察されるようになった．植食魚類は温暖化のために増加したのだろうか？　現状を正しく把握し，より適切な対処法を見つけるため，これらの植食魚類に関する総合的な調査を行うことが急務となっている．

そこで，植食魚類の藻場への来遊頻度や日周行動，季節移動などの行動生態を解明するため，長崎市野母崎地先の藻場周辺でバイオテレメトリー手法による行動追跡調査を継続的に行っている．ここではアイゴ，ノトイスズミの行動生態について，著者らが行ってきた研究をもとに述べる[3]．

2・1　移動範囲の解明

長期の追跡調査を行うのに先立ち，受信機の設置場所をデザインするために，

まず，アイゴとノトイスズミの遊泳生態や移動範囲を調べることにした．供試魚にはコード化ピンガー（超音波発信器）を外部装着し，VEMCO 社製のシステムを用いて，リアルタイムで漁船から直接，行動を追跡した．魚体に装着したピンガー（V16P-1H）は全長62 mm，水中重量9 g の円筒形で，69 kHz のパルス信号を3秒間隔で発信する．このパルス信号には水深の情報が含まれている．

アイゴは追跡調査を行った2個体とも放流直後から終始底層近くを遊泳していた．また，放流地点から大きく離れることはなく，いったん別の個体を追跡するため現場を離れても容易に発見できるほどであった．一方，ノトイスズミは底層にとどまらず，水平・垂直に活発に遊泳し，満潮時には浅瀬の潮間帯にまで移動することがわかった．このように，ノトイスズミはアイゴに比べて移動性が高く，活動範囲も広いことがわかった．また，いずれの種も日中は野母崎地先の藻場周辺付近から離れることはなかった．これらの結果を踏まえて，最初の長期追跡を行うための受信機の配置をデザインした．なお，受信機を配置した実験海域（野母崎半島東側）は藻場であるが，野母崎半島の西側は外洋に面しており，岩礁地帯である．

2・2 設置型受信機による長期の行動追跡調査

コード化ピンガーと設置型受信機を利用した長期間の追跡調査のしくみは，次のとおりである．魚に装着したピンガーは，ある時間間隔で音波を発信する．あらかじめ受信機を海底に設置しておくと，受信範囲内を通った魚のID番号と時刻が受信機内のメモリーに記録される．

2004年から設置型受信機（VR2）を野母崎地先の藻場に12～19台設置し，2007年までにアイゴ，イスズミ，ノトイスズミ（合計69個体）にピンガーを装着して放流した．以下では，主に最初の年に行った追跡調査の結果を紹介する．

魚体には2種類のコード化ピンガー①V7-2L（長さ18.5 mm，直径7 mm，水中重量0.75 g，136 dB），②V16-1H（長さ48 mm，直径16 mm，水中重量9 g，152 dB）のいずれかを装着した（図6・2）．①は40～120秒の間にランダムに1回送信されるようにセットされたもので，電池寿命は162日，②については同様に，40～114秒の間に1回の送信で，電池寿命は137日と見積もられた．①V7-2Lについては腹部を開腹してピンガーを挿入した後，開腹部

分を縫合した．②V16-1Hについては，背鰭の基部付近にテグスで取り付けた．どちらについても調査に先立ち1ヶ月間の実験飼育を行い，ピンガー装着による死亡などの影響はないことを確認した．

設置型受信機VR2はハイドロフォン，受信部，ID検知部，データ収集メモリーとバッテリーで構成され，全て1つの耐水型ケースに内蔵されている．初年度にはVR2を合計12台，海底設置した（図6・3）．なお，あらかじめ調査海域内で受信範囲に関する予備試験を行い，各受信機を80 m間隔で設置することにした．

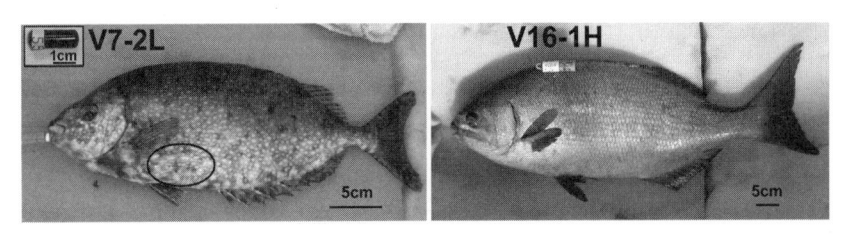

図6・2 コード化ピンガーを装着したアイゴ（左）とノトイスズミ（右）

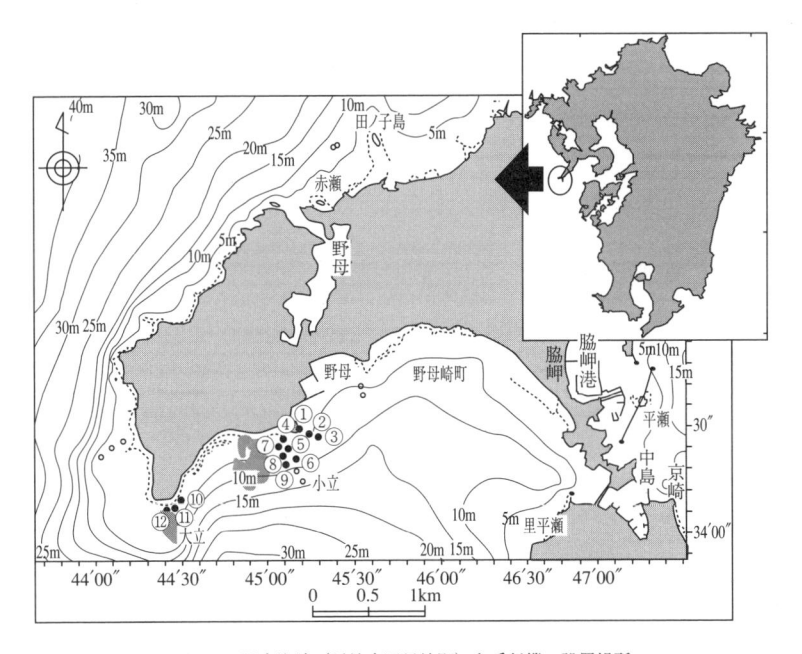

図6・3 調査海域（長崎市野母崎町）と受信機の設置場所

秋から冬にかけての行動生態を明らかにすることをはじめの実験の目的として，アイゴ18個体とノトイスズミ3個体の計21個体にピンガーを装着し，2004年11月16日に小立で放流した（図6・4）．

図6・4　放流直後のアイゴ

　実験終了の3月28日までの受信記録から見ると，2種類のコード化ピンガーのうち，外部装着したピンガー（V16-1H）の方が明らかに良好であり，9個体中約半数で約4ヶ月以上の追跡に成功した．それ以降，V16シリーズを用いて外部装着により追跡を行うことにした．

　設置した12台の各々の受信機における総受信回数を調べたところ（図6・5），アイゴでは小立に設置したNo.4～9で集中して受信しており，No.1～3と大立のNo.10～12での受信は著しく少なかった．これに対してノトイスズミでは全ての受信機でよく受信されており，アイゴに比べて移動性が高いことが示唆された．

2・3　活動期の代表的な行動パターン

　各個体について連続的な1日の移動状況を解析した結果，11～12月の活動期には，アイゴ，ノトイスズミのそれぞれが代表的な行動パターンをもつことが明らかになった（図6・6）．小立周辺の観察では，アイゴは夜間藻場周辺にとどまりほとんど動かないが，日の出とともに活動を開始して活発に遊泳した後，日没とともに活動が低下することがわかった．大立周辺では受信記録がなく，生息場所の中心は小立周辺にあった．一方，ノトイスズミは，日の出とともに野母崎半島の西側から大立を通って藻場周辺に来遊し，活発な水平移動を

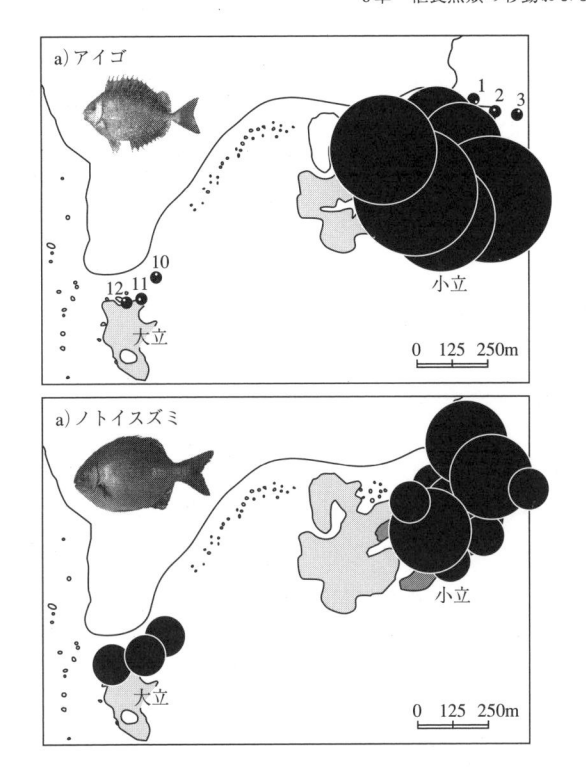

6章 植食魚類の移動および行動生態　75

図6・5　総受信回数からみた移動状況

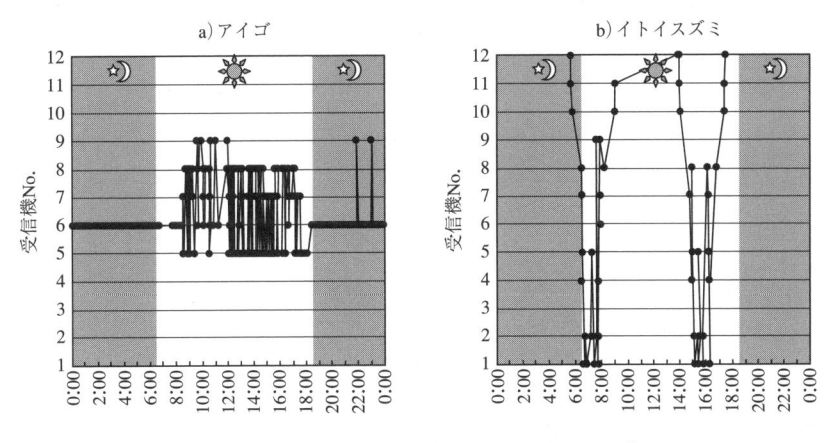

図6・6　行動追跡調査結果（秋季の日周行動パターン）

行った後,日没頃には再び大立の最も西側の受信機を通過して,おそらく半島の西側へと帰っていくことがわかった.西側は岩礁地帯であり,そこに夜間の生息場所をもつものと考えられる.

以上のように,どちらの種も日の出から日没までの日中に活動すること,毎日のように小立付近の藻場へ来遊すること,小立周辺の藻場が餌場となっていることが明らかになった.

2・4 冬季に見られた行動パターンの変化

水温の低下とともに,アイゴとノトイスズミの行動パターンには変化が見られた(図6・7).長期の追跡ができた4個体について,藻場での1日当たりの総受信回数をまとめたところ,アイゴでは12月初旬以降,ノトイスズミでは1月初旬以降,急激に減少することがわかった(図6・8a-d).また受信回数が減少した後の代表的な受信パターンから,アイゴ,ノトイスズミともにかろうじて小立の藻場へは来遊するものの,動きが鈍くなっている様子が明らかであった.ノトイスズミについては,1月6日以降,毎日必ずあった大立No.10～12での受信は途絶え,小立No.1～2での受信のみとなった.アイゴについては冬季に漁獲されないことから,これまでは南方へと大回遊するとの考えが強かったが,今回の結果では冬季の間も引き続き受信記録は残されており,アイゴが野母崎の藻場周辺にとどまっていることが明らかになった.

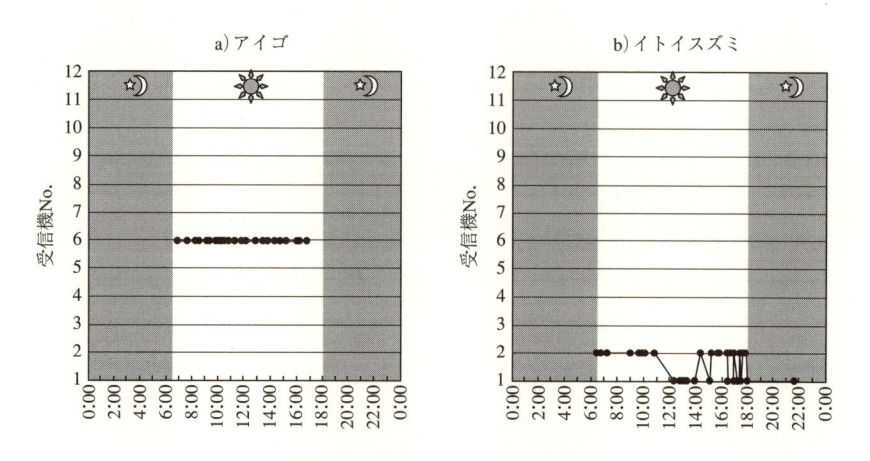

図6・7 行動追跡調査結果(冬季の日周行動パターン)

低水温期におけるこれらの行動パターンを変化させた環境要因として，連続計測した水温データと併せて見てみると（図6・8e），アイゴの行動に変化が見られた12月初旬には水温は20℃以下に低下し始め，12月10日頃からは水温が18℃を下回っていた．ノトイスズミに変化が見られた1月初旬の水温は16～17℃であり，受信回数が著しく減少した1月末の水温は15℃を下回り始めていた．アイゴの摂食生態を解明するための水槽内実験では，水温が18～23℃の範囲にあった11月には摂食量のある程度の減少が見られ，14～19℃に低下した12月には著しく摂食量が減少したこと，また，それに対してノトイスズミでは14～19℃であった12月にもそれほど大きな摂食量の減少を示さなかったことがわかっており，今回の結果と一致するものであった．

以上の結果から，アイゴは冬季になると活動が鈍くなるために漁獲されないのであって，大規模な回遊はしていないと考えるのが妥当である．今回タグを装着したアイゴ2個体については，調査から約7ヶ月後と約9ヶ月半後に同じ野母崎半島周辺の定置網でそれぞれ再捕されており，アイゴの定着性が強いことを裏付ける結果となった．

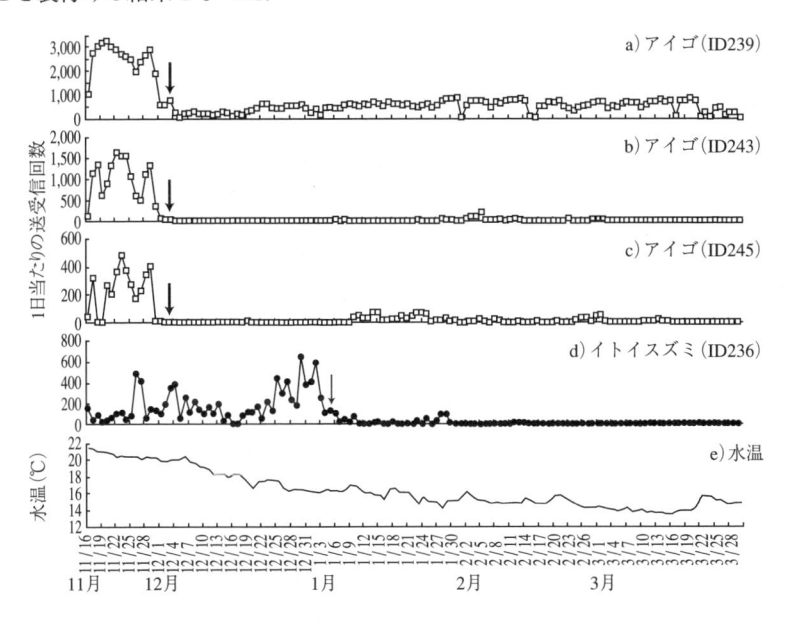

図6・8　長期間の行動追跡結果－冬季の生息場所は？－

ノトイスズミについては，長らくミナミイスズミやイスズミと混同されており[4]，その分布や生態に関する情報はほとんどなかった．近縁種では大型褐藻類を摂食することが報告されているが[5]，海藻の食害を引き起こす種としてはこれまで注目されていなかった．しかし，ノトイスズミはアイゴよりも1ヶ月以上後まで活発に遊泳していたことを今回の調査で確認していることから，アイゴに比べて低水温耐性が強く，冬季に入ってもしばらくの間引き続き摂食活動を行うものと推定された．以上のことから，ノトイスズミは，冬季には藻場に大きな影響を及ぼす可能性の高い魚類として，今後とも検討を続ける必要があることがわかった．アイゴ，ノトイスズミはともに，大型褐藻類などの海藻類を主に摂食すると考えられているが[2,6]，摂食量や食性の季節変化などそれぞれの種の特徴はいまだ明らかにされておらず，現在筆者らのグループで研究を行っているところである．今後は，それぞれの植食魚類が海藻群落の再生や変化に及ぼしている具体的な影響を明らかにする必要があろう．

2・5 海水温上昇が植食魚類の行動に与える影響

近年，海水温の上昇傾向が指摘されている．長崎県女島の年平均水温は過去50年間に0.9℃上昇しており[3]，この10年間に目立って水温が上昇したことが示唆された．中でも11月の水温上昇が最も顕著であり[3]，最も食害の深刻な時期が9～12月の間であることとの関連が注目される．いずれにしても，秋から冬にかけての海水温が以前に比べて上昇したことで，植食魚類の活動が活発化，長期化した可能性があり，急ぎ詳細な食性解析を行う必要がある．

磯焼けと植食魚類による摂食との直接的な因果関係についてはまだ述べることはできないが，種々の環境変化にともなう海藻の減少や植生の変化に加えて，海水温が上昇したことで魚類の行動生態に変化が生じ，結果として藻場に大きなダメージを与えているとすれば，最近の藻場の衰退には魚類による摂食が大きく関わっている可能性は否定できない．早急に対策を講じるためにも藻場衰退の環境要因解明とアイゴやノトイスズミなどの植食魚類の生態解明が急がれる．

§3. 今後の生態研究とその方向性

これまでに行ってきた研究により，植食魚類による海藻摂食の何が問題であ

6章 植食魚類の移動および行動生態　79

るのかが，少しずつ明らかになりつつある．この章でも述べたように，近年の冬季における海水温上昇が植食魚類の活動期間を長期化させた可能性が示唆され，ちょうど好みの海藻が繁茂しない時期に，クロメなどの海藻を摂食するようになることや，海藻の再生に重要な時期に新芽を摂食することで海藻の生育不良を引き起こす可能性があることがわかってきた．藻場の衰退により海藻の現存量がすでに少ないことから，結果的に魚類の現存量と海藻とのバランスを欠いている状態であるのかもしれない．

　これまで，植食魚類が海藻を摂食するというマイナス面ばかりが強調されてきたが，魚類にとって生息場所でもある藻場を護る上で，摂食行動は重要な役割を果たしているとは考えられないだろうか．最後に，植食魚類が藻場で果たしているプラスの役割について考えてみたい（図6・9）．魚類の摂食は，一時的に海藻を減らすが，その後，あらたな海藻種が生育するきっかけともなるこ

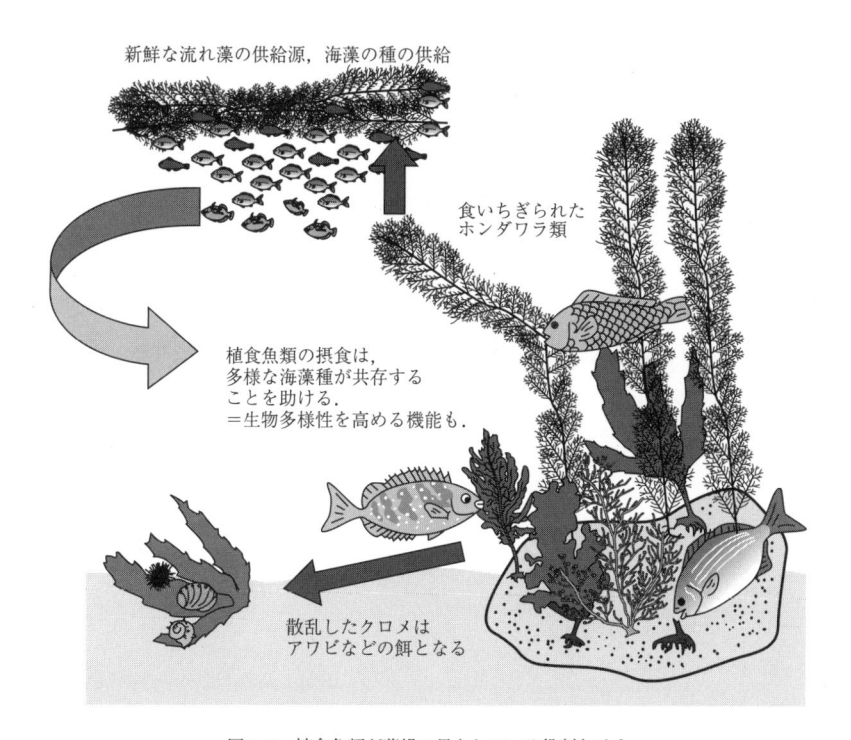

図6・9　植食魚類が藻場で果たしている役割とは？

とから，多種多様な海藻種が共存することを助ける．様々な海藻により複雑な空間が作られることで，結果的にそこに生息する生物の多様性が高まることになるだろう．また，例えば，藻場を利用しない沿岸の生物やシェルターの少ない外洋域では藻場にかわって流れ藻がそのゆりかごとして重要であり，多くの卵や稚仔が流れ藻に付随している．水槽内実験では，植食魚類が海藻を食べるでもなく，一見無意味にも見える「海藻の食いちぎり」行動を行うことが頻繁に観察される．食いちぎられたホンダワラ類は新鮮な流れ藻の供給源となるだろう．また，クロメなどのコンブ類は海底に沈み，アワビなど磯根資源にとって利用しやすい餌料となり，結果的には磯根資源をはぐくむことになる．

　アイゴ，ノトイスズミ，ブダイなどの各魚類が藻場に与える真の影響を評価するためには植食魚類の分布，生物量，生態を総合的に解明して，藻場へ与えるプラスの影響も含めてその役割を多面的に明らかにする必要がある．その上で，よりよい藻場づくり，藻場の保全を進めていくべきではないだろうか．

文　献

1) 桐山隆哉・藤井明彦・吉村拓・清本節夫・四井敏雄：長崎県下で1998年秋に発生したアラメ類の葉状部欠損現象，水産増殖，**47**, 319-323（1999）．

2) 桐山隆哉・野田幹雄・藤井明彦：植食性魚類数種によるクロメの摂食と摂食痕，水産増殖，**49**, 431-438（2001）．

3) 山口敦子・井上慶一・古満啓介・桐山隆哉・吉村拓・小井土隆・中田英昭：バイオテレメトリー手法によるアイゴとノトイスズミの行動解析，日水誌，**72**, 1046-1056 2006)．

4) 坂井恵一：日本のイスズミ属は4種, *I. O. P. Diving News*, **2**, 2-5（1991）．

5) K. D. Clements, and J. H. Choat: Comparison of herbivory in the closely-related marine fish genera *Girella* and *Kyphosus*, *Mar. Biol.*, **127**, 579-586 (1997).

6) 野田幹雄・長谷川千恵・久野孝章：水槽内のアイゴ*Siganus fuscescens*成魚によるアラメ*Eisenia bicyclis*の特異な採食行動，水産大学校研報，**50**, 151-159（2002）．

7章　濁水の流入による磯焼けの発生と持続

荒川久幸[*1]・吾妻行雄[*2]

　和歌山県西岸美浜町三尾沿岸（図7・1）では，1988年頃まで褐藻アラメを優占種とする海中林が水深10 m付近までの海底に形成され，アワビなど磯根資源の宝庫として漁業者に利用されていた[1]．しかし1990年代に入って，海中林は急速に崩壊し，現在ではまったく消失して磯焼け状態となっている．このため，磯根資源の漁獲量は全般的に落ち込み，クロアワビでは1988年の11トンから1997年には1.2トンへと著しく低下している（図7・2）[1]．これに対し，日高川をはさんで東側に位置する野島沿岸では，三尾沿岸とは直線距離で8 kmほどしか離れていないにもかかわらず，現在でも褐藻ヤツマタモク・カジメなどの海中林が水深6 m付近まで形成されている．このように，紀伊半島西

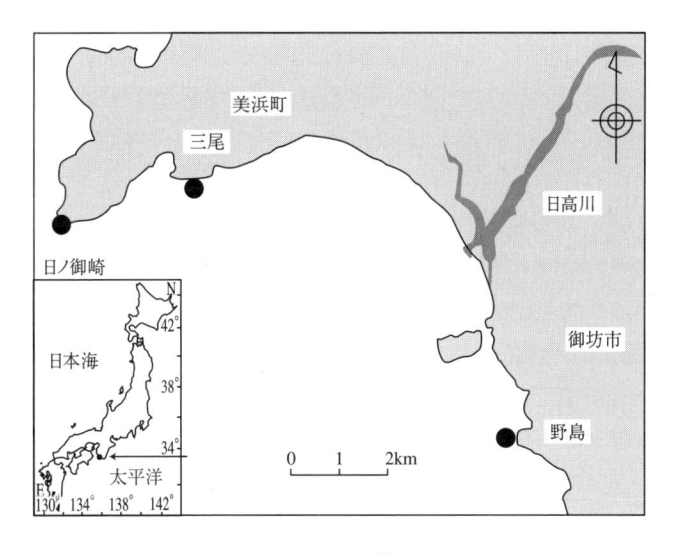

図7・1　調査海域

[*1] 東京海洋大学海洋科学部
[*2] 東北大学大学院農学研究科

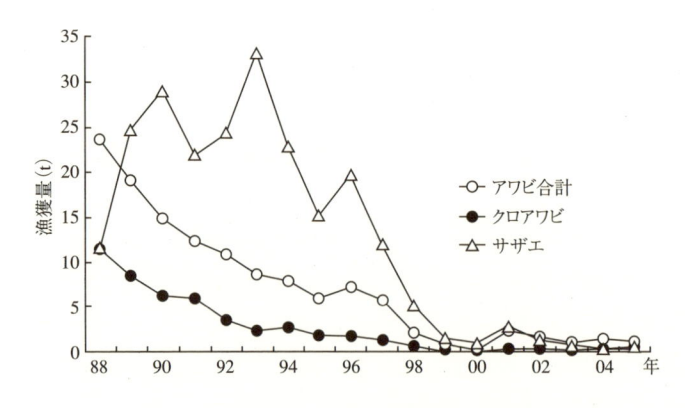

図7・2 三尾沿岸における漁獲量の経年変化

岸における磯焼けは三尾沿岸に限定されており,その原因は不明である.

　谷口[2]は磯焼けの発生と持続の原因となる海中林の衰退・形成阻害要因を海況変動など自然環境の変化[3]と続く生物群集の変化[4,5]に起因する生態学的要因と人間活動による破壊的な影響による人為的な要因とに大別した.三尾沿岸の局所的な磯焼け原因を明らかにするためには,生態学的要因とともに,人為的な要因をも検討する必要がある.そこで,現在の高水温・貧栄養の海況条件下で三尾沿岸において海中林の形成が可能であるか否かを検証するために海中林造成試験を行うとともに,近傍の日高川から流入する陸域からの人為的な影響を明らかにするために海洋環境調査を行った.

§1. 海中林造成試験

　三尾沿岸では,2001年8月の潜水観察によって水深0～2 mには紅藻マクサなど小形海藻群落,2 m以深に有節サンゴモ群落が形成されていた.一方,野島沿岸では水深0～4 mにヤツマタモクなどヒバマタ目褐藻優占群落,4 m以深にカジメ優占群落が形成されていた.この両海域の植生の相違が何に起因しているのか,三尾沿岸では海中林造成が可能か,不可能ならばその要因は何か,これらを明らかにするため,両海域にポーラスコンクリート製海藻礁[6]を設置して,海藻群落の遷移を観察した.試験に用いた海藻礁は,水中重量3トン,高さ700 mm,一辺1,950 mmの立方体で,前後左右に組み立てが可能なよう

に凸部と凹部を設けている．海藻の着生部にあたる起伏を施した上層350 mmは骨材粒径13～20 cmのポーラスコンクリート製，下層200 mmは普通コンクリート製の2層構造で，上下層とも200 kgf/cm^{2}以上の圧縮強度を保っている．

2000年9月に，三尾沿岸では水深2 mに海藻礁7基，水深4 mと6 mに各6基，野島沿岸では水深4.4 mと6.5 mに各5基を設置した．2001年5月（設置8ヶ月後），7月，10月，2002年1月，4月，8月の6回，海藻礁1基当たり1枚ずつ写真撮影（35 mmレンズ付水中カメラ（ニコノスIV）；高さ50 cm，視野50 cm×40 cm）を行った．得られたスチール写真内の海藻を無節サンゴモ，有節サンゴモ，小形海藻，大形多年生海藻[7]の4類型に分類し，それらの被度を測定した．得られた各生活形群の被度を一元配置分散分析とFisherのPLSDによる多重比較によって季節間の有意差を危険率5％で検定した．

三尾沿岸に設置した海藻礁上に入植した海藻の生活形群別の被度（％）を図7・3に示した．水深2 mにおいては，調査期間を通して小形海藻が最も多く，次いで有節サンゴモ，無節サンゴモであった．小形海藻の被度は2001年5月の80.4％から7月には38.2％へと有意に低下した後上昇して2002年4月に77％近くに達し，さらに8月には53.6％まで再び有意に低下した．有節サンゴモの被度は，2001年5月から以後有意に上昇して2002年1月には24.8％に達したが，4月には低下，8月に再び上昇し，小形海藻とは逆の経過をたどった．無節サンゴモの被度は，有節サンゴモと同様徐々に増加して2001年10月以降10～20％で推移した．大形多年生海藻は，アラメが2001年1月にのみ0.7％の非常に低い被度で一時的に出現しただけであった．

水深4 mにおいては，小形海藻と有節サンゴモの被度の逆相関関係は水深2 mの場合より顕著であった．小形海藻は秋から翌年の春にかけて有意に増加し，春に最も被度を高めるのに対して，有節サンゴモはやや遅れて冬から夏にかけて有意に増加し，夏に最も被度を高めた．大形多年生海藻は5月にアラメが0.8％，2002年8月にオオバモクが17.2％の被度で出現した．

水深6 mにおいては，水深4 m以浅とは異なって2001年5月から有節サンゴモが優占し，7月に62.9％と有意に上昇後，10月から2002年5月にかけて23～45％の間で増減を繰り返した．これに対して，小形海藻の被度は2001年5月から7月にかけて低下した後，徐々に上昇して2002年4月には52.9％と

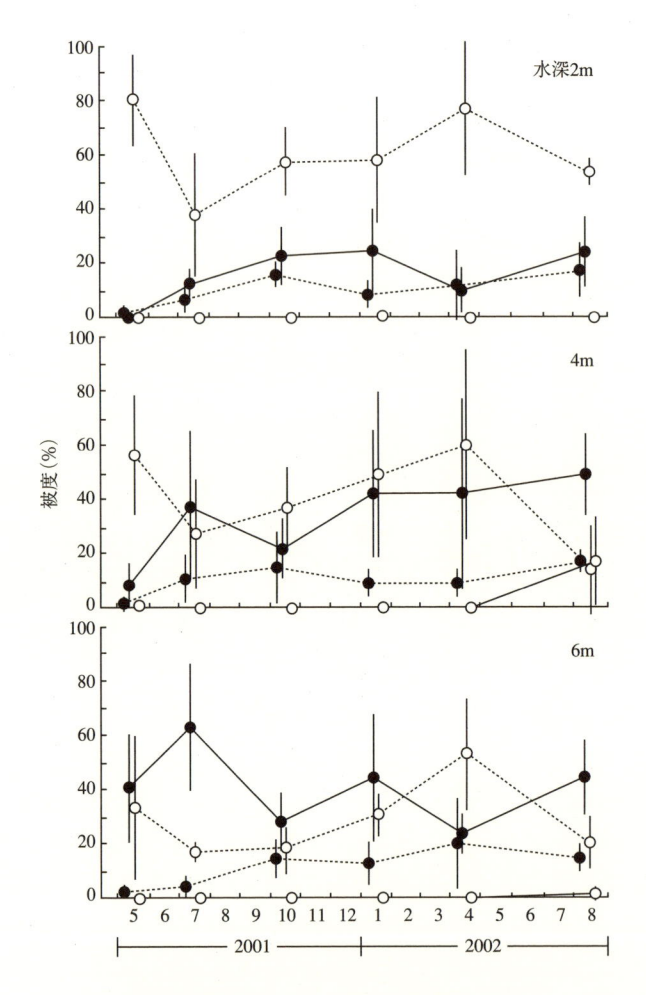

図7・3 三尾沿岸水深2，4，6 m の海底に2000年9月に設置した海藻礁上へ入植した海藻の4生活形群別の被度（%）の変化
……●……：無節サンゴモ，──●──：有節サンゴモ，……○……：小形海藻，──○──：大形多年生海藻．

なったが，8月には再び低下した．大形多年生海藻はほとんど観察されず2002年8月においてオオバモクが1.3%の被度で出現した．

野島沿岸に設置した海藻礁上に入植した海藻の被度の変化を図7・4に示した．水深4.4 m においては，2001年5月から10月までの優占種は無節サンゴ

モであったが，2002年1月には有節サンゴモ，同年5月以降カジメ，ヤツマタモク，オオバモク，ノコギリモクなどの大形多年生海藻に交代した．大形多年生海藻の中ではカジメが最も多く観察された．小形海藻の被度は大形多年生海藻の場合と類似した経過をたどった．水深6.5 m おいては，2001年5月には無節サンゴモが，7月から2002年1月までは有節サンゴモが，2002年5月以降大形多年生海藻がそれぞれ優占生活形群となって水深4.4 m の場合とほぼ等しく推移した．小形海藻の被度は調査期間を通して5％以下と低かった．

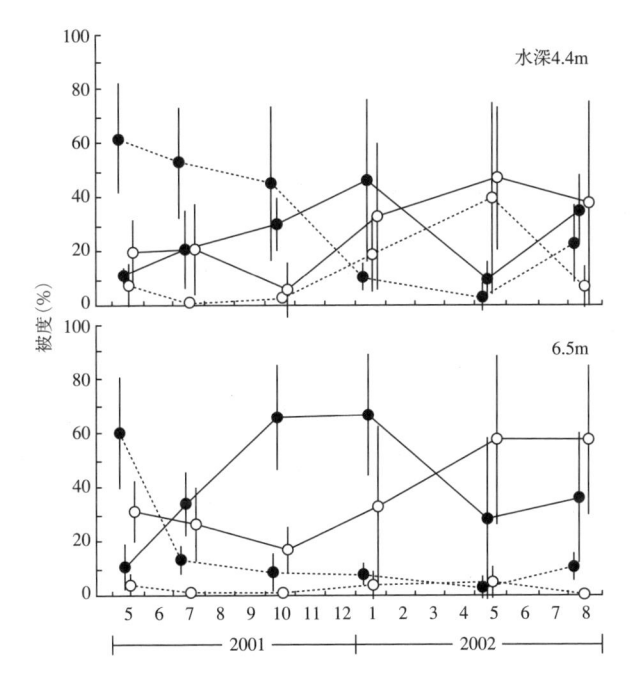

図7・4 野島沿岸水深4.4，6.5 m の海底に2000年9月に設置した海藻礁上へ入植した海藻の4生活形群別の被度（％）の変化
……●…… ：無節サンゴモ，——●—— ：有節サンゴモ，……○…… ：小形海藻，——○—— ：大形多年生海藻．

潮下帯海藻群落の遷移は，小形1年生海藻と殻状海藻による始相，小形1年生海藻の消失による殻状海藻による途中相前期，小形多年生海藻による途中相後期を経て，大形多年生海藻による極相へ至ることが知られている[8, 9]．

本研究の野島沿岸では，裸地形成後8〜23ヶ月の間に有節サンゴモを含む小

形海藻が優占する途中相後期からカジメ・ヤツマタモクなど大形多年生海藻が優占する極相に達した（図7・4, 5）．一方，三尾沿岸では同じ期間にもかかわらず，海藻礁周辺の植生と同様に水深2mでは小形海藻が，水深4～6mでは有節サンゴモが優占する途中相にとどまった（図7・3, 5）．海藻礁にはアラメやオオバモクなど大形多年生海藻が極めて低い被度ではあったが入植したので，極相群落が形成できる可能性を示している．したがって現状では，何らかの要因で極相への進行が妨害されていると考えられる．

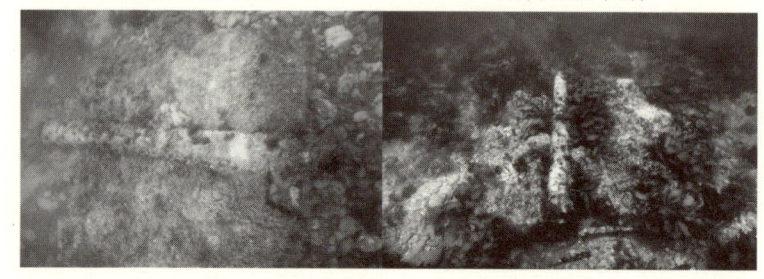

図7・5　2002年7月の三尾沿岸水深6mと2002年8月の野島沿岸水深6.6mにおける海藻礁

Ⅱ-5章で吾妻が述べたように，日ノ御崎沿岸では，2001年6月に近隣河川からの大量出水によりバフンウニとムラサキウニの大量死亡がもたらされている．大量死亡によりウニ密度が著しく低下した期間は，三尾沿岸で小形海藻が減少し，有節サンゴモが増加した期間と一致する（図7・3）．また，同じ現象が認められた2002年4月～8月にも7月に大量降雨が認められている．

§2. 海洋環境の影響

三尾沿岸では日高川の河川水の影響を強く受け，しばしば塩分が著しく低下する．図7・6に2000年5月～2002年10月にかけての三尾漁港外の透明度を示した．調査期間の透明度は平均12.5mであり，そのうち34日が5m以下であった．時化のために測定できなかった日数は227日である．これらの日の多くは海水の濁りが陸上から視認された．低透明度は，しばしば2～3日間持続し，6～10月に多く認められた．

三尾沿岸でみられた低塩分と低透明度すなわち高濁度の海水は，大量の降水

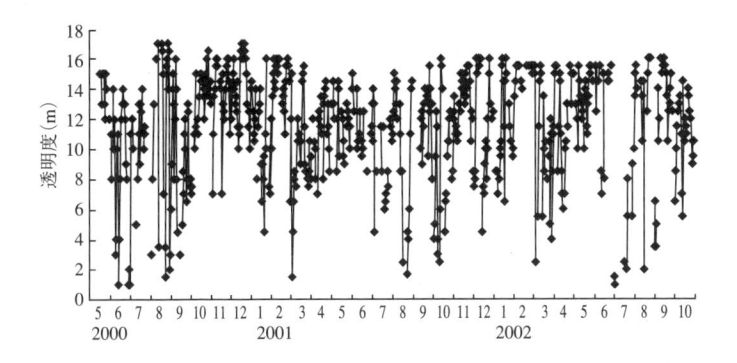

図7・6 三尾沿岸における2000年5月から2002年10月までの透明度の変化

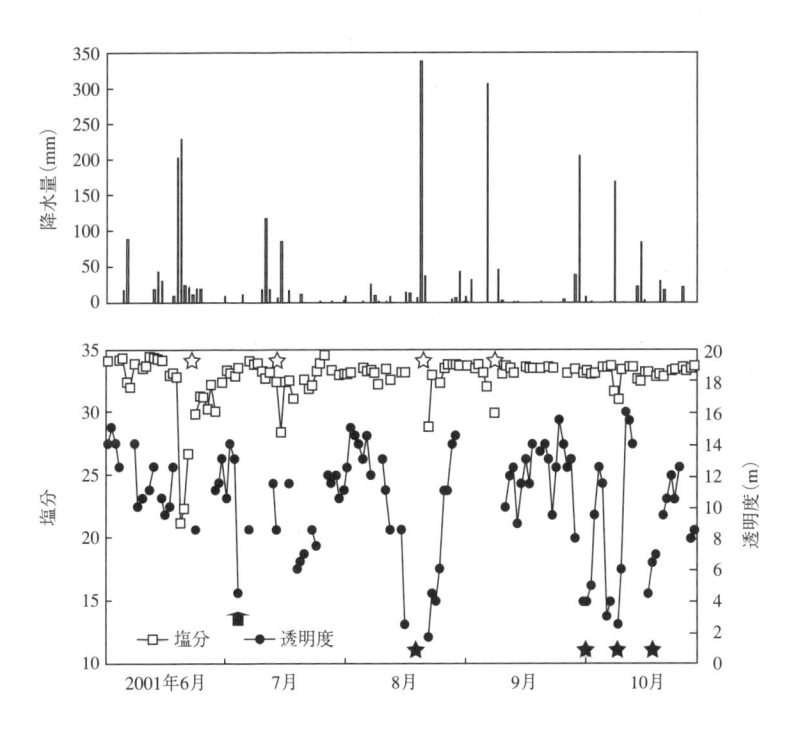

図7・7 三尾沿岸における2001年6月から10月までの塩分（上），透明度（下），降水量（棒グラフ，龍神地区と川辺地区の合計）の変化　上図の星印（☆）は塩分が30以下を示した日，下図の星印（★）は透明度が5 m以下を示した日を表す．下図の矢印は，波浪が高い日を表す．

量に対応して出現した．2001年6～10月までの日高川の上流域の降水量（龍神地区および川辺地区の合計）と塩分および透明度との関係を図7・7に示した．塩分が30以下を示した7日の前日または当日には常に激しい降雨があり，66～229 mmの降水量に達した．特に塩分が期間最低の21.2を示した6月21～22日における降り始めからの降水量は432 mmであった．また，透明度5 m以下を示した12日のうち，星印で示した4回（11日）が多量の降雨日と一致した．矢印を示した日は高い波浪があったことを示す．このように三尾沿岸の塩分と透明度の低下は，日高川流域への多量の降雨と密接な関係にある．例えば，2001年8月21～22日にかけて台風11号が通過し，龍神・川辺地区合計降水量は376 mmに達し，日高川は濁水となり，多量の淡水と懸濁粒子が海域へ流入した．この日の三尾沿岸の塩分は28.8，透明度は1.7 mであった．

三尾沿岸と野島沿岸における2002年5月14～19日，8月1～5日，ならびに11月16～21日の平均流速と水温を表7・1に示した．三尾沿岸の平均流速は3.6～3.8 cm/秒であり，どの時期の観測においても野島沿岸より有意に速かった（t分布の片側検定；$p < 0.05$）．三尾沿岸の平均水温は5月21.9，8月27.6，11月20.1℃であった．野島沿岸とは8月の水温のみ有意差が認められた（t分布の片側検定；$p < 0.05$）．I-3章で成田らは，アラメ・カジメが水温28℃以上で流速が5 cm/秒以下では死亡するが，10 cm/秒以上では死亡しないことを報告している．8月の水温は三尾および野島沿岸ともに28℃を超える日があり，アラメ・カジメにとって危機的な状態であるが，流速は三尾沿岸の方が常に速い．したがって，水温と流速から判断するとアラメ・カジメは三尾沿岸のほうが生残しやすいと考えられる．

表7・1 三尾と野島における水温と流速（平均値±標準偏差）

	三尾		野島	
	流速 (cm/sec)	水温 (℃)	流速 (cm/sec)	水温 (℃)
5月	3.6 ± 2.3	21.9 ± 0.2	2.4 ± 1.1	22.0 ± 0.3
8月	3.6 ± 1.9	27.6 ± 0.6	3.3 ± 1.6	27.6 ± 0.7
11月	3.8 ± 2.2	20.1 ± 0.6	3.5 ± 2.0	19.8 ± 0.8

§3．和歌山県西岸の濁水および海底堆積粒子の性質と起源

図7・7に示したように，三尾沿岸域では大量の降雨によって陸上から濁水が

流入し，海水の透明度が著しく低下する日がしばしば認められる．透明度が3 m以下を示した8日の表層水の濁度（光束消散係数）は0.41〜3.3/m，SSは1.7〜14.6 mg/lであった．

多量の降雨によって三尾沿岸に流入した濁水は数日間にわたって懸濁した後，拡散や沈降によって次第に濃度が低下する．沈降した粒子は海底に堆積する．三尾沿岸でスキューバ潜水によって海底の岩礁上を手であおぐと乳白色の微細な堆積粒子が大量に舞い上がることが観察される．そこで三尾と野島沿岸において堆積粒子の量および性質を調べた．いずれの水深4 mには海藻礁[6]が設置されているので，海藻礁上の各4ヶ所から堆積粒子を採集し，その量を図7・8に示した．堆積粒子量は三尾沿岸で平均6.7 mg/cm^{2}であったのに対し，野島沿岸では平均1.5 mg/cm^{2}であり，三尾沿岸が野島沿岸より約4倍高かった．すなわち，三尾沿岸で著しく多い堆積粒子が海藻群落遷移の妨害要因であると考えられた．

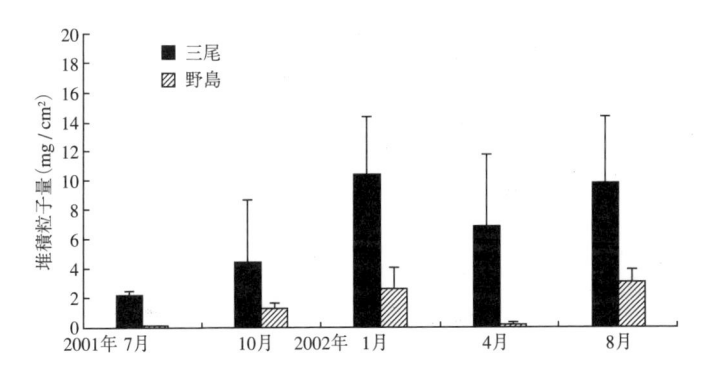

図7・8 三尾と野島沿岸における2001年7月から2002年8月までの海底堆積粒子量の変化

海中林の形成を妨害すると考えられる堆積粒子の起源を明らかにするため，三尾と野島沿岸，日高川河口，日高川上流にある椿山ダム湖における堆積粒子，ならびに2002年7月2日の低透明度時の三尾沿岸の海水中の懸濁粒子を採集してX線解析[10]を行った（表7・2）．三尾沿岸の堆積粒子の鉱物組成は，石英，長石，雲母，カオリナイトを含んでおり，石英および長石の量が多かった．野島沿岸においても三尾沿岸とまったく同じであった．日高川上流にある椿山ダム湖の堆積粒子は鉱物として，石英，長石，雲母，カオリナイト，クロライト，

表7・2　X線解析による鉱物含有量の比較

採取場所	石英	長石	雲母	カオリナイト	クロライト	スメクタイト
三尾地先	◎	◎	＋	＋	－	－
野島地先	◎	◎	＋	＋	－	－
椿山ダム	◎	△	○	○	＋	＋
日高川河口	◎	△	＋	＋	－	－
懸濁粒子	◎	△	○	○	＋	＋

◎：大変多い，○：やや多い，△：普通，＋：やや少ない，
－：少ないか含まれていない．

スメクタイトが観測され，石英がもっとも多く含まれていた．また，日高川河口の堆積粒子は石英，長石，雲母，カオリナイトを含んでおり，石英がもっとも多かった．椿山ダム湖に比べ日高川河口の堆積粒子は，クロライトとスメクタイトが含まれておらず，また雲母，カオリナイトの含有量が少なかった．

一方，2002年7月2日の三尾沿岸の海水中の懸濁粒子には石英，長石および粘土鉱物4種（雲母，カオリナイト，クロライト，スメクタイト）が観測された．また，石英がもっとも多く含まれていることがわかった．このように三尾沿岸における低透明度時の懸濁粒子の鉱物組成は，椿山ダム湖における堆積粒子の鉱物組成と種類および量が一致した．日高川河口における堆積粒子の鉱物組成は，椿山ダム湖および懸濁粒子と比較して，粘土鉱物（雲母，カオリナイト，クロライト，スメクタイト）のみが減少している．さらに三尾と野島沿岸の堆積粒子は粘土鉱物の減少に加えて，長石が増加している．

以上の結果から，三尾沿岸において堆積粒子は次のように形成されると考えられる．まず，多量の降雨があると日高川上流の椿山ダムから放水があり，その結果ダム湖起源の粒子が三尾沿岸へ多量に流入し，海底に堆積する．堆積した後，粒径の小さい粘土鉱物粒子は時間経過とともに流失し，次第に石英および長石の含有の割合が高くなる．すなわち，三尾沿岸における堆積粒子の主な起源は，日高川にあると結論される．

§4．海中懸濁粒子および堆積粒子の海藻群落への影響評価

次に，三尾沿岸における海中懸濁粒子および堆積粒子の海藻群落への影響を評価する．本調査から三尾沿岸における海中懸濁粒子の濃度は最大で14.6 mg

/ l，堆積粒子の量は平均6.7 mg / cm^{2}であった．Arakawa[11]は海中懸濁粒子および堆積粒子量とアラメの初期減耗TL（%）との関連を明らかにし，次の算出式を見出している．

$$TL = 100\,(1-\exp\,(-0.0339\,C)\times\exp\,(-1.24\,Q))$$

ここで，C（mg / l）とQ（mg / cm^2）はそれぞれ海水中の懸濁粒子濃度および基質上の堆積粒子量を示す．

三尾沿岸の結果を代入すると，アラメ初期における減耗は約99.98 %と算出された．

三尾沿岸では，時化によって海水が激しく流動すると，海域が著しく濁る現象が観察される．この現象は堆積している粒子が海水とともに流れ，移動していることを示す．Arakawaら[12]は流れのある海水中で浮遊する粒子が基質に着生したワカメ・アラメなどコンブ目褐藻の遊走子の発芽へ及ぼす影響を調べ，浮遊する粒子の粒径が大きく（150 μm以上），粒子濃度が高く，流速が早いほど，配偶体の生残へ大きな影響を及ぼすと報告している．三尾沿岸の堆積粒子には150 μm以上の粒子が存在しており，さらに影響を大きくしている可能性がある．すなわち，現状の粒子量ではアラメ・カジメはその初期発生期にほとんど枯死すると推定される．

§5. 和歌山県西岸における遷移の妨害要因

三尾沿岸と直線距離で8 km程度しか離れていない野島沿岸で海藻群落遷移が極相に達したのに対し，三尾沿岸では有節サンゴモの優占する遷移の途中相に止まり，海中林の形成が阻害されている（図7・3，4）．また，II-5章で吾妻が報告したように，塩分の低下によるウニの大量死亡後にも水深1 m以深では大形多年生海藻の生育はみられなかったことから，遷移の妨害要因として摂食圧は考えがたい．30以下への塩分の低下が海中林の形成を阻害するとも考えがたい．

三尾沿岸における塩分・透明度の低下は，大量の降雨によって日高川から大量の鉱物粒子が流入することによってもたらされる．事実，三尾沿岸の堆積粒子量は野島沿岸より4倍多い．懸濁粒子濃度および堆積粒子量からアラメの初期減耗を算出すると発生初期にほとんどの個体が枯死すると計算された．した

がって，海中林の形成へと遷移が進行しない原因は，日高川から流入する鉱物粒子による物理的な要因が大きいと考えられる．鉱物粒子のX線解析から，三尾沿岸に流入する懸濁および堆積粒子は椿山ダム湖が起源であり，ダム湖からの放水によってもたらされると推定された．三尾沿岸の海中林を回復させるためには，この海域に流入する日高川起源の粒子を低減させる必要性がある．

文献

1) 山内　信・翠川忠康：磯根漁場マップ作製調査，平成5年度和歌山県水産試験場報告，和歌山県水産試験場，和歌山，1995，pp.79-92.
2) 谷口和也：磯焼けを海中林へ―岩礁生態系の世界―，裳華房，1998, 196pp.
3) 川尻正博・佐々木正・影山佳之：下田市田牛地先における磯焼け現象とアワビ資源の変動，静岡水試研報，15, 19-30（1981）.
4) 吾妻行雄：キタムラサキウニの個体群動態に関する生態学的研究，北水試研報，51, 1-66（1997）.
5) 増田博幸・角田利晴・林　義次・西尾四良・水井　悠・堀内俊彦・中山恭彦：藻食性魚類アイゴの食害による造成藻場の衰退，水産工学，37, 135-142（2000）.
6) 谷口和也・山根英人・佐々木國隆・吾妻行雄・荒川久幸：磯焼け域におけるポーラスコンクリート製海藻礁によるアラメ海中林の造成，日水誌，67, 858-865（2001）.
7) 谷口和也：海中造林の基礎と実践，藻類，44, 103-108（1996）.
8) 谷口和也：牡鹿半島沿岸におけるアラメ群落の更新過程，東北水研研報，52, 595-597（1990）.
9) 中林信康・谷口和也：秋田県八森町沿岸における海藻群落の遷移と漂砂の影響，水産増殖，51, 135-140（2003）.
10) T. Sudo, K. Oinuma, and K. Kobayashi: Mineralogical problems concerning rapid clay mineral analysis of sedimentary rocks, *Acta Univ. Carolinae, Geologica Suppl.* 1, 189-219（1961）.
11) H. Arakawa：Lethal effects on survival of zoospore and gametophyte of *Eisenia bicyclis* exerted by suspended particle and deposited sediment, *Fish. Sci.*, 71, 133-140（2005）.
12) H. Arakawa, Y. Arai, M. Seto, and T. Morinaga: Influences on survival of brown algal zoospore exerted by drifting particles, *Fish. Sci.*, 68, Supp.II, 1893-1894（2002）.

III. 磯焼けの修復技術

8章　磯焼けの研究と修復技術の歴史

關　哲夫[*1]・谷口和也[*2]

§1. 磯焼けの現状と研究取りまとめのねらい

　日本における磯焼け研究の端緒は1903年の遠藤[1]までさかのぼるが，本格的に議論されたのは，1960年代以降世界各地の磯焼け海域における調査研究が盛んに行われるようになってからである[2]．ジャイアントケルプ海中林が著しく縮小した米国カリフォルニア半島沿岸では，磯焼けが海況条件の変化と関連づけて報告されている[3,4]．日本では黒潮が駿河湾沖に形成される冷水塊を迂回して大蛇行し，伊豆半島に接岸することによって磯焼けが発生するとの報告[5,6]が磯焼けの生態学的理解を深める契機となった．

　環境省によって1988年から1992年にかけて行われた第4回自然環境保全基礎調査[7]で，藻場・海中林の面積は1978年以降3.1％に当たる6,403 haが消滅したと公表されている．藻場・海中林の消滅原因のうち磯焼けによると考えられる消滅面積は，全体の14.7％にあたる1,016 haで（表8・1），北海道から

表8・1　藻場消滅原因割合

消滅原因	消滅面積	割合
埋立など直接改変	1,942 ha	28.1％
磯焼け	1,016 ha	14.7％
乱獲	31 ha	0.4％
その他海況変化	1,117 ha	16.2％
不明	2,801 ha	40.6％

注）原因が複数にわたる場合，面積を重複して加算しているため，消滅面積の割合は実際の全国消滅面積より多くなる．
資料：環境庁　第4回自然環境保全基礎調査「海域生物環境調査」(1994)．

[*1] 東北区水産研究所
[*2] 東北大学大学院農学研究科

沖縄まで全国規模で認められている．磯焼けによる消滅面積は大幅に増加していると推定している．

ごく最近になって，沖縄サンゴの白化，九州・瀬戸内海でのナルトビエイの出現，大型クラゲの来襲，サワラの北上など温暖化の影響と見られる異常が頻繁に認められている．同様に日本各地沿岸の岩礁域潮下帯では，海中林を構成する大形多年生海藻群落の消失や縮小が多発し，無節サンゴモ群落が拡大する磯焼けがかつてないほど進行している．このため，温暖化が磯焼けや水産生物の変動に及ぼす影響に関心が高まっている．地球温暖化が顕在化してきた現状では，磯焼けに関しても温暖化の要素抜きには考えられない状況となっている．藻場・海中林の現状を把握することが必須となったため，国では農水省がプロジェクト研究や調査事業を実施してきた．この他，環境省が「自然環境保全基礎調査」により藻場のモニタリングを定期的に実施しており，気象庁は海洋の健康診断として海面水温の長期変化傾向を地球全体で公表している．

ここでは，1999年に「磯焼けの機構と藻場修復」をテーマとして開催された日本水産学会シンポジウムにおいて得られた結論を踏まえ，農水省で行われた研究と調査・事業を中心に，解明が進んだ磯焼け研究をとりまとめ，生態学的理解に基づいて行われなければならない今後の磯焼け対策に役立てたい．

§2. 磯焼け研究の進展と歴史的な認識の変遷

事業的規模の磯焼け研究は，1970年に開始された農林水産技術会議の大型別枠研究「浅海域における増養殖漁場の開発に関する総合研究」の中で初めて実施された．以後，農林水産省は磯焼けに関する理解の基礎となった大型別枠研究マリーンランチング計画，バイオコスモス計画を1999年まで実施した．これらの研究が果たした役割と歴史的な認識の変遷を述べる．

2・1 浅海別枠研究

1970～74年に宮城県の江ノ島の磯焼け海底に海中林を造成する実験を行った通称，浅海別枠研究が農水省における磯焼け研究の嚆矢である．この研究過程で，磯焼けは無節サンゴモが優占する極相であり，対極としてコンブ類の極相を認め，無機環境条件によって双方向に遷移が進行する生態学的プロセスであることが初めて指摘された[8]．すなわち，寒冷な環境ではコンブ類が繁茂し，

温暖な環境ではコンブ類が衰退して無節サンゴモが優占する．この実験結果にもとづき「豊かな海をつくる」と題して刊行された児童と一般向けの「農産漁村文化協会」の絵本[9]には，磯焼けに対する極めて正確な認識が描かれている．三陸沿岸の磯焼け海域では，アワビやウニが多く見られ，これら植食動物が海藻を食べ尽くして海藻の成育と大形海藻群落への遷移を阻害していると考え，アワビやウニを駆除するとともに，当時開発された海藻の延縄養殖技術によってアワビやウニへ食物を供給し，飽食させることによって食害を回避させ，そのことによって天然の海中林が造成されることが示されている．養殖したマコンブの着生したロープが海藻の重みで海底に沈むように工夫した結果，成長したコンブが海底に届くと，ウニやアワビが群がり，周囲の海底における摂食圧が低下して大形海藻の成育が可能となるのである．

この実験結果に対して，異なった2つの仮説が相並んで立てられた．一方の仮説は，海藻の生存の閾値を超える環境条件が持続することによって岩礁生態系の生産者である海中林が消滅して磯焼けが発生し，ために植食動物組成が変化してそれらの高い摂食圧によって磯焼けが持続するとの理解である（図8・1）[10]．他方の仮説は，植食動物の視点に立ったもので，摂餌強度（摂食圧）が一義的に海藻の遷移相を決定づける（図8・2）[11]という考えである．ここで示されている遷移相は，実際に観察されておらず，推定の域をでない．

2つの仮説の大きな違いは，無機環境の評価の有無にある．植食動物の視点から見た後者の理解には，無機環境条件の影響が全く考慮されておらず，ウニ

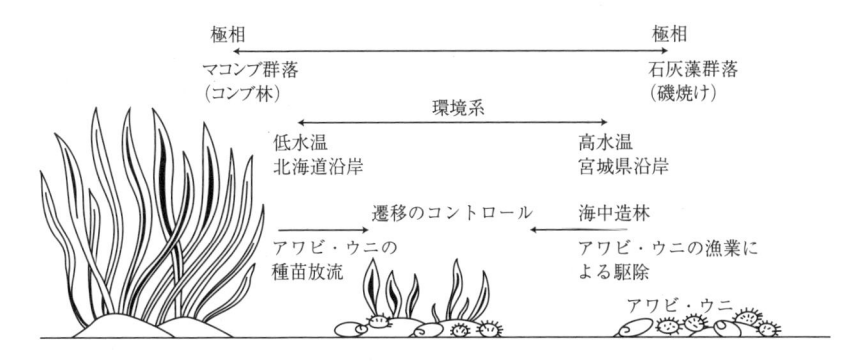

図8・1　マコンブの極相と石灰藻の極相間の遷移[10]

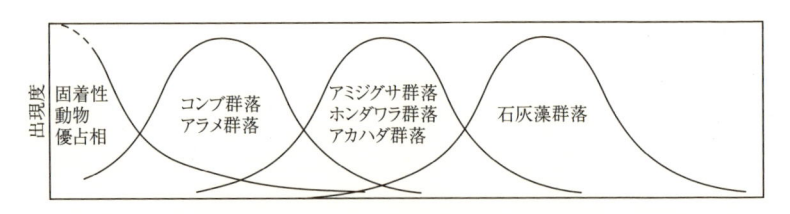

図8・2 三陸沿岸岩礁域における植食動物摂餌強度と着生生物相との関係[11]

などの摂餌強度の程度でどのような海藻植生になるかが決まるとしている．いわば，ウニさえ駆除すれば海藻群落の遷移相を制御できるとの誤った理解をもたらす遠因となっている．

　最近，土木工学的技術による藻場・海中林造成を進める立場から，ウニ類の摂食行動を制御することの重要性に着目した取り組みが進められている．2001年には日本水産工学会のシンポジウム「磯焼け海域での藻場造成と管理」が開催され，魚類やウニ類の摂食圧制御の重要性が論じられている．土木工学の立場では，ウニの生息条件は一義的に波動の程度で決定される．強い波動ではウニが生息できないので海藻は生育するが，弱い波動ではウニが生息できるので海藻は生育できないとされる．水産庁は，これらの議論にもとづき2004年に「緊急磯焼け対策モデル事業検討委員会」を設置，3ヶ年で磯焼け現象を改善し，沿岸資源の回復等を図るために地方公共団体や漁業者向けのガイドライン[12]を作成した．このガイドラインはウニ類など植食動物の摂食圧を低下させる効果に注目し，その食害対策を講ずることを主眼としている．2007年には水産工学研究所主催の磯焼け対策シンポジウム「ウニを獲って藻場を回復しよう」が開催された．この立場の考え方は，1980年10月に開催された日本水産学会シンポジウム「新しい生産環境づくりのための藻場・海中林の造成」にさかのぼることができる．ここでは，磯焼け地帯における無節サンゴモ群落は高い摂餌強度の下で安定しているとの解釈がなされ，摂食圧が磯焼けの要因であるとの認識を与えている．しかし，海底に固着して生活しなければならない海藻からの視点は全く認められないため，環境変動の認識は希薄である．1999年に函館で開催された日本水産学会シンポジウムでは，無節サンゴモから海中林への遷移は，植食動物の摂食圧の低下だけで引き起こされるのではなく，植食動物が高密度で生息していても無機環境の変化によって海中林が回復すること

が指摘された．今後，無機環境と海藻との関係を詳細に明らかにする必要がある．

浅海別枠研究においては，海藻群落の変動に関する知見が乏しいとはいえ，磯焼けが岩礁生態系における現象の一形態であるとする理解に至る過程が導かれたといえる．

2・2 マリーンランチング計画

1980年から9年間にわたって大型別枠研究マリーンランチング（海洋牧場）計画「近海漁業資源の家魚化システムの開発に関する総合研究」が実施された．この研究では，岩礁生態系の骨格をなす海中林の維持機構などを解明し，磯焼けの理解を飛躍的に進展させる成果が得られている．まず，海藻の生活形による類型化[13]である．海藻の生活形分類によって，無節サンゴモのような殻状海藻の他，藻体の階層性，すなわち大形か小形か，藻体の寿命，すなわち1年生か多年生かによって海藻群落の構造と遷移を把握する理解が生まれたのである．例えば潮下帯の海底にコンクリートブロックなどによる海藻礁を設置した場合，初めに入植するのは殻状海藻の無節サンゴモと寿命が極めて短い小形1年生海藻で，やがて小形多年生海藻に置き換わり，最終的には大形多年生海藻の極相に至るという遷移系列が一般化された．この遷移系列は，極相構成種がコンブ目褐藻においてもヒバマタ目褐藻においても共通している．

この時期の研究では，陸上森林の個体群維持機構の研究では100年以上もかけて明らかにされた極めて重要な生態学的知見である「ギャップ更新」が，大形多年生のコンブ目褐藻であるアラメおよびカジメ海中林の維持機構として明らかにされている[14]．生態学用語の「ギャップ更新」とは，老齢となった個体が枯死してできた林冠の隙間をギャップといい，ギャップ形成によって海中林の林床である海底表面に太陽光が届くため，次の世代が生育できるようになって世代更新がなされることを意味している．アラメ海中林においては，ギャップ更新を間引き実験によって証明している[14]．

マリーンランチング計画では更に驚くべき発見がなされている．それは，海藻が生産する化学物質による生存戦略といえる事実である．小形多年生紅藻のマギレソゾは，数種のジテルペン・トリテルペンなど摂食阻害物質の生産によってウニの摂食から免れている[15]．同様に小形多年生褐藻のフクリンアミジも

摂食阻害物質として9種のジテルペン含んでおり[16]，ウニ，アワビの摂食阻害作用とともにそれら幼生の着底変態阻害作用をもつことも確認されている．

このような作用をもつ化学物質として，エゾヤハズやシワヤハズからエゾアワビに対する摂食阻害作用をもつセスキテルペンが同定され[17, 18]，紅藻ハケサキノコギリヒバから6種のブロモフェノール[19]，海中林を構成する大形多年生褐藻ツルアラメ・クロメ・カジメ・アラメからは摂食阻害物質としてポリフェノールの一種であるフロロタンニンが確認されている[20]．これらの発見により，海藻は植食動物に摂食されないよう化学物質により防御していることが明確になったのである．特に，同じ海底に低い階層で長期間生育しなければならない小形多年生海藻は，植食動物からの攻撃を受け易いため，より強い摂食阻害作用をもつ化学物質を生産する必要があると考えられている．

以上のような発見と遷移の理解に基づき，1983年に松島湾の船入島で行われた海藻群落を造成する実験では，水深4 mの海底に73基設置した造林礁に植食動物の這い上がり防止と摂食圧を吸収させることによって2年後には造林礁に成体となったアラメを成育させ，海中林の造成が成し遂げられた[21]．この実験海域には，2年後の漁獲を目的として，平均殻長5 cmのエゾアワビ種苗8,000個体が移植された．ピーターセン法による資源量調査によって生存率82.0％，合計1トンが生存していると推定された．このように，磯焼け海域の海底においても，天然の海中林を造成し，アワビの生育を支えることが可能であることが実証されている．

大型別枠研究マリーンランチング計画においては，海藻群落の構造と機能が詳細に明らかにされ，海中林が植食動物や魚類稚仔の成育場として重要な役割をもつこと，海藻のもつ化学的防御物質による生存戦略，海中林のギャップ更新による維持機構など生態学的に重要な知見が得られるとともに，成長の速い海藻を用いてウニを中心とする植食動物の摂食圧を吸収させることによってアラメ海中林の造成に成功した．この研究では，磯焼けを生じさせる人為的要因と自然界に起因する要因を明確に区別するとともに，生物にとって必然的な要因であるか偶然的な要因であるかを区別する必要があることを提案している[13]．

2・3 バイオコスモス計画

先のマリーンランチング計画で，海中林に関する生態学的理解が深まり，岩

礁域生態系を構成する鍵となる生物群集を理解しなければならないとの認識が生まれ，多くの生物が織りなす生態系を解明しようとするバイオコスモス計画の研究が1989年から10年間にわたって行われた．この研究においては，特に次の3つの重要な理解と発見が得られた．また，後述するように小形サイズのエゾアワビの移植実験を実用的な規模で行ない，画期的な成果が得られた．

第1の理解は，磯焼けが岩礁生態系のサイクリック遷移の一過程であるとの認識である[13]．第2は，無節サンゴモが分泌するウニ幼生の変態誘起物質ジブロモメタンの画期的な発見である[22]．そして第3は，エゾアワビ・キタムラサキウニの生活史と生活年周期が海藻群落帯状構造と密接に関係する機構の解明である[23, 24]．

サイクリック遷移は図8・3に示したとおり，殻状海藻から大形多年生海藻へ遷移する過程と海況条件や植食動物の摂食圧との関係を示しており，浅海別枠研究において初めて得られた遷移の理解に加え，海藻の生活形が遷移の進行に果たす意味を理解させる優れたモデルとなっている．ここでも，海藻植生は植食動物の摂食圧だけで規定されるのではないことが明らかである．

無節サンゴモの生産するジブロモメタンがウニ幼生の変態を誘起するという画期的な発見によって，磯焼けの海底にウニ個体群密度が極めて高くなることの根拠が明確に示された．また，アメリカ・カリフォルニア沿岸でも，無節サ

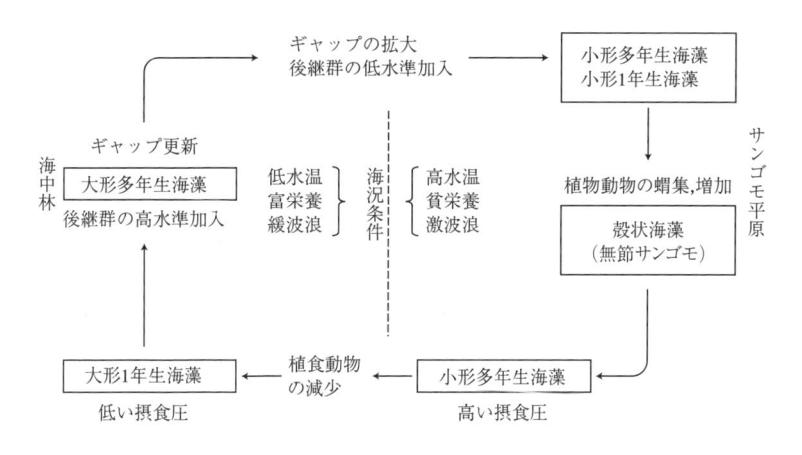

図8・3 サイクリック遷移（谷口ら[13]より改変）

ンゴモに着底・変態したウニ個体群の高密度化によって磯焼けが持続していることが明確に説明づけられることとなった．

海藻の遷移に関するサイクリックな進行の理解とともに，岩礁生態系の構造と機能に関する重要な理解がもたらされている．すなわち，浅い海底から，「転石域」，「藻場・海中林」，「小形多年生海藻群落」，「無節サンゴモ群落」が帯状構造をなして分布し，海藻群落はそこに生息するアワビやウニなど植食動物個体群の棲み場や食性と密接に関係していること[25]が示されたのである．特に，海藻には植食動物による摂食を巧みに避ける生存戦略が備わっていること[26-28]が発見され，これらの仕組みが存在する中で海藻を摂食するアワビやウニが海藻群落との関係を保ちながら個体群を維持している機構が明らかになり，これら生態学的理解にもとづく修復技術の展開が図られる段階へと進展をみている．また，磯焼けとなってしまった場合に失われてしまう海藻群落の役割をより明確に理解することが可能となっている．

1) エゾアワビ個体群の維持に果たすアラメ海中林の役割

エゾアワビは，成長にともって食性が変化する．浮遊生活を終えて着底・変態した当初は，海底基質に付着している粘液多糖類やバクテリアなどを摂食し，次いで付着珪藻や海藻の発芽体，さらに小形海藻，最終的には大形海藻を摂食できるように吻と歯舌からなる口器が発達する．したがって，生息場所も変化すると推定されていた．このことを確認するため，大掛かりな移植実験が宮城県本吉郡の大谷漁場で実施された[24]．漁場として選定されたのは，転石域，アラメ海中林，サンゴモ平原が帯状に分布している約1 haの浅海域である．

潜水調査によって発見できる殻長1.5 cm以上のエゾアワビ稚貝を，水温が上昇し始めて摂食が活発になる6月下旬に転石域に移植して追跡した．海藻群落との関係を調査することを目標に，3ヶ年にわたって合計166,000個体のエゾアワビ人工種苗を移植した．転石域に移植したエゾアワビ種苗は殻長4 cmを超えた段階でアラメ群落の範囲内に分布する個体が多く，天然のエゾアワビも同様に分布することが明らかになった．これらの事実から，エゾアワビの成長段階に対応してアラメ海中林が棲み場として重要であることが示された．また，この場合の稚貝の推定生残率は，実験終了時に隣接する海域も含めて調査した結果，平均殻長24.5 mmで移植したエゾアワビ稚貝が2年3ヶ月後に26

％以上生き残ることが確認されている．この回収率は，これまでのような殻長3～5 cmの大型サイズの放流による回収率に劣らず，経済的に非常に有効である．このように，エゾアワビの生育に海中林が果たす役割は極めて重要であることが示されたが，クロアワビやメガイアワビ，マダカアワビが生息し，早くから資源管理が定着している徳島県でも，アラメ・カジメの採取禁止が重要事項に取り上げられ，南日本でも海中林の重要性が明らかとなっている[29]．

2) キタムラサキウニ個体群の維持に果たすアラメ海中林の役割

エゾアワビと同様にアラメ海中林とキタムラサキウニ個体群の関係を明らかにする研究が宮城県牡鹿町泊浜において1997年から2ヶ年にわたって実施された．キタムラサキウニ幼生は，10月に着底・変態するが，無節サンゴモ群落には高密度に，またこの他の群落では低密度に着底・変態し，9ヶ月過ぎにはアラメ群落のウニは死亡し，転石域と無節サンゴモ群落では生き残って無節サンゴモ群落に集中的に分布することが明らかになった．翌年の7～8月には，分布域を拡大してアラメ群落内に移動する．アラメ群落に移動したウニは，殻径も生殖巣指数も大きくなることが観察された．この結果，キタムラサキウニは，アラメ海中林を主要な食物源としつつも，海中林の中では幼生や稚ウニの生育は制限を受けており，無節サンゴモ群落に分布する成体が生殖巣の発達する時期にアラメ群落内に分布域を拡大することが明らかとなっている[25]．これにより，キタムラサキウニ資源の維持・増大手法としては，海中林を核として人工種苗や天然種苗を移植することが基本となっている．

2・4 水産庁の磯焼け対策事業

水産庁は，磯焼け対策として都道府県を対象とする事業を実施してきた．この事業の実施経過においても先の研究を裏付け，あるいは新しい展開をもたらす萌芽となる成果が得られている．

1) 北海道で実施された磯焼け漁場の有効利用に関する技術開発調査

この調査は，北海道寿都湾の磯焼け海底において1990年から5ヶ年にわたって実施されている．この海底を対象に，秋から冬にウニを駆除すると，最初に付着珪藻が繁茂し，3ヶ月後にはエゾヒトエグサが芽生え，6ヶ月後にはワカメ，ケウルシグサの大形1年生海藻が優占し，そして，最終段階で，大形多年生褐藻フシスジモクが優占し，先に示した海藻の生活形による類型化を適用

した遷移の過程が裏付けられている[30]．有用なコンブ群落とならなかったのは失敗であると評価した関係者もいたが，遷移の理解からすれば，この結果は立派な成功である．むしろ，温暖な海況条件下であれば寒流系のコンブ目褐藻ではなく，暖流系のヒバマタ目褐藻が優占する事実を証明した点で重要な研究といえよう．

2) 磯焼け診断指針作成事業

エゾアワビやキタムラサキウニ個体群と海中林の関係が明らかになった上に，海藻群落の遷移に関する理解が得られたので，水産庁は1997年から5ヶ年にわたって北海道，秋田県，静岡県で，潮下帯の海藻植生とそこに生息するウニの成長や生殖巣指数を目印として，磯焼けの程度を診断する指標づくり事業を実施した．この内容は，本シリーズにおいて中林ら（Ⅲ-9章）が詳しく報告しているので，考え方として重要な点に限って触れておく．

まず，磯焼けと海中林は遷移の一過程であるという理解が重要で，次に，遷移の順序が，殻状海藻から，小形1年生，小形多年生，大形1年生，大形多年生という具合に生活形による類型で進行することから，漁場の現状を判定できるという考え方が基本となっている．この事業では，優占海藻の生活形分類，ウニの成長と生殖巣指数，ウニの成長履歴を要素とする磯焼け診断技術が開発され[31]，漁場の磯焼けの進行度合を的確，かつ簡便に診断できるマニュアルが完成をみている．

§3. 藻場・海中林の修復技術

前述の成果に基づいて開催された1999年のシンポジウムでは，藻場・海中林の修復事例によって，磯焼けの克服が海藻群落の遷移過程を生態学的に制御して成立しうることを裏付けている[32]．藻場・海中林の修復は各地で数多い取り組みが行われており，既に，1999年刊行の水産学シリーズにも紹介されている[32]ので，ここでは代表例として，宮城県歌津町で漁業者自身の手で行われた海中林修復事例を示し，背景となった技術について考える．

1987年当時，宮城県歌津町（現在は南三陸町）の歌津全町漁業協同組合員70名が宮城県気仙沼水産事務所の指導の下に，アラメの海中林を修復している．歌津町唐島の築磯漁場に隣接した水深7～8mの海底へ，成熟した子嚢斑

をもつアラメが自生した天然石90個と，アラメの成体を人為的に定着させた建築用コンクリートブロック60個を設置し，その年の8～9月にウニ類の駆除も行った結果，アラメ群落が形成，拡大し，1995年の調査では唐島を取り巻く水深5～9 m以浅の海底約3 haに発達するに至った．この事例により，藻場・海中林の修復には，海藻群落の遷移に関する正しい理解と，長期にわたって確実な解析をもたらす浜ぐるみのモニタリングが重要であることを強調できよう．

　この他，各地で多くの修復が行われているが，大形多年生海藻群落の修復をもたらすために必要な条件を整理すれば，以下に示す重要な4項目をあげることができる．まず，①基質が不安定な状態では修復はできず，基質を安定させることが必須である．基質は，海藻の生育基盤であり，安定化させるには技術が必要となる．次に，②遷移の人為的制御，あるいはその理解が必要である．基質に最初から着生して優占する海藻は大形多年生海藻ではないことを知らなければならない．さらに，③目的とする海藻群落の生育を妨害する要因を排除しなければならない．ウニなどの摂食圧を調節することはその第1となる．最後に，④無機環境の問題がある．この問題は地球温暖化に代表されるような要因で対策は極めて難しい．この克服がなされる技術には，海藻の生理生態学的特性の一層深い理解と広範囲にわたる無機環境制御手法が必要になると考える．

§4．今後に残された課題
4・1　生態系を構成する鍵種の生理生態学的閾値の把握

　これまでの研究・調査によって，磯焼けは生態学的遷移の過程であると理解できることが明らかになり，その進行段階を診断することも可能となっている．さらには，生態学的理解に立脚すれば，磯焼けとなった海底に藻場を回復させることができることも示されている．しかし，磯焼けの発生を予測し，発生の進行を速やかに捉えることができれば，とられるべき対策の選択が可能となることが考えられる．

　通常，磯焼けの発生とその後の進行を目の当たりに追跡できることは稀であろう．水面下で，しかも毎日観察する機会のない海底の変化をリアルタイムで

捉えることは至難の業である．このため，海藻群落の変化にともなって生ずるわずかな兆候に気付かなければ，進行の過程を見逃してしまい，磯焼けとなってしまってから事態を知ることになる．このわずかな兆候は，海藻群落を核として維持されている生態系の変化に現れるので，この変化をもたらす主要因となりうる無機環境の変化を把握することが基本的に重要である．さらに，この変化によってもたらされる影響を予測するため，岩礁生態系を構成する鍵種の生理生態学的閾値の把握，すなわち，水温，光条件，栄養塩濃度などの無機環境に対する至適範囲や成育限界値を明らかにする必要がある．本シリーズ成田ら（I-3章）に詳しい．

4・2 アラメ以外の大形多年生海藻群落が維持される機構の解明

これまでの研究によって，アラメ群落については，「ギャップ更新」により群落が維持されることが明らかにされている[14]．しかし，大形多年生海藻の多くのヒバマタ目褐藻については，個体群維持機構が明らかになっているわけではない．海藻の母藻を移植するだけでは，次世代の繁殖や生育をもたらすことが可能かどうか明確ではない．このため，沿岸各地でアラメの分布範囲をしのぐ藻場を形成するヒバマタ目褐藻を中心とした大形多年生海藻群落が継続的に維持される機構と条件を明らかにする必要がある．

4・3 温暖化の進行下での修復技術

温暖化が顕著ではない過去には，数多くの海藻群落修復の事例があり，人為的な措置がない段階でも群落が継続的に維持されることが示されている．しかし，地球温暖化の影響とみられる海水温の上昇が進行する過程では，これまでの観察にはみられない大きな変化がもたらされ，高水温域における海藻の生理学的脆弱性から，その対策として行われる修復には大きな困難が予想される．海藻自体が高水温域でも生育できる条件を備えうるのかどうか明らかでないため，高水温域が北上するなかで海藻群落の分布域が現在のままに留まり得るかどうかは不明である．したがって，温暖化が進行する状況下でも海藻群落を修復し，そこに成育する水産生物の生産，ひいては水産業の持続をもたらす技術の確立が可能かどうか，藻場を形成する海藻の生育特性を吟味する研究が大きく残されている．本シリーズの谷口らの指摘（III-10章）は，この問題を解決する糸口となるものと考える．

文献

1) 遠藤吉三郎：海藻磯焼調査報告,水産調査報告（農商務省水産局）,12, 1903, pp.1-33.
2) 富士 昭：磯焼け研究の現状,磯焼けの機構と藻場修復（谷口和也編）,恒星社厚生閣, 1999, pp.9-24.
3) M. J. Tegner and P. K. Dayton: El Niño effects on southern California kelp forest communities, Adv. Ecol. Res, 17, 243-279 (1987).
4) M. J. Tegner, P. K. Dayton, P. B. Edwards, and K. L. Riser : Sea urchin cavitation of giant kelp (Macrocystis pyrifera C. Agardh) holdfasts and its effects on kelp mortality across a large California forest, J. Exp. Mar. Biol. Ecol, 91, 83-99 (1995).
5) 柳瀬良介：磯焼けの起こる要因および回復しない要因（原因論）,海中構造物周辺の水産生物の資源生態に関する事前研究報告書（海藻関係）,水産庁, 1981, pp. 9-39.
6) 河尻正博・佐々木正・影山佳之：下田市田牛稚先における磯焼け現象とアワビ資源の変動,静岡水試研報, 15, 19-30（1981）.
7) 横浜康継・相生啓子：第4回自然環境保全基礎調査,海域生物環境調査報告書（干潟,藻場,サンゴ礁調査）第2巻,藻場.環境庁自然保護局,海中公園センター,Web公開資料：http://www.biodic.go.jp/reports/4-12/r00a.html（1994）
8) 菅野 尚：海藻群落の造成,新版つくる漁業,農林統計協会, 1976, pp.163-168.
9) 菅野 尚：豊かな海をつくる.農山漁村分化協会, 1989, 20pp.
10) 菅野 尚：幼期（稚仔・芽胞）の保全.最新版つくる漁業,資源協会, 1983, pp. 164-174.
11) 菊池省吾・浮 永久：アワビ・ウニ類とコンブ類藻場との関係.藻場・海中林（日本水産学会編）,恒星社厚生閣, 1986, pp.9-23.
12) 緊急磯焼け対策モデル事業検討委員会：磯焼け対策ガイドライン,水産庁, 2007, 208pp.
13) 谷口和也・關 哲夫・蔵多一哉：磯焼けの機構と克服技術としての海中造林,野生生物保護, 1, 37-50（1995）.
14) 谷口和也：アラメ群落の後継群形成に及ぼす間引き効果,日水誌, 56, 595-597（1991）.
15) K. Kurata, K. Taniguchi, Y. Agatsuma, and M. Suzuki: Diterpenoid feeding-deterrent from Laurencia saitoi, Phytochemistry, 47, 363-369 (1998).
16) 谷口和也・蔵多一哉・鈴木 稔・白石一成：褐藻フクリンアミジのジテルペン類によるエゾアワビに対する摂食阻害作用,日水誌, 58, 1931-1936（1992）
17) 谷口和也・山田潤一・蔵多一哉・鈴木稔：褐藻シワヤハズのエゾアワビに対する摂食阻害物質.日水誌, 59, 339-343（1993）
18) 白石一成・谷口和也・蔵多一哉・鈴木稔：褐藻エゾヤハズのメタノール抽出物によるキタムラサキウニとエゾアワビに対する摂食阻害作用,日水誌, 57, 1945-1948（1991）.
19) K. Kurata, K. Taniguchi, K. Takashima, K. Hayashi and M. Suzuki: Feeding-deterrent bromophenols from Odonthalia corymbifera, Phytochemistry, 45, 485-487 (1997).
20) 谷口和也・秋元義正・蔵多一哉・鈴木稔：褐藻アラメの植食動物に対する化学的防御機構,日水誌, 58, 571-575（1992）.
21) 谷口和也：アラメ群落の造成実験,海洋牧場（農林水産技術会議事務局編）,恒星社厚生閣, 1989, pp. 326-343.
22) K. Taniguchi, K. Kurata, T. Maruzoi, and M. Suzuki: Dibromomethane, a chemical inducer on settlement and metamorphosis of the sea urchin larvae, Fish. Sci, 60,

795-796 (1994).
23) M. Sano, M. Omori, K. Taniguchi, T. Seki, and R. Sasaki: Distribution of the sea urchin *Strongylocentrotus nudus* in relation to marine algal zonation in the rocky coastal area of the Oshika Peninsula, northern Japan, *Benthos Res*, 53, 79-87 (1998).
24) T. Seki and K. Taniguchi: Rehabilitation of northern Japanese abalone, *Haliotis discus hannai*, populations by transplanting juveniles, Workshop on rebuilding abalone stocks in British Columbia (ed. by A. Campbell), *Can. Spec. Pbl. Fish. Aquat. Sci*, 130, 72-83 (2000).
25) 大森迪夫・谷口和也・白石一成・關 哲夫：海藻群落帯状構造と無脊椎動物の分布．磯焼けの機構と藻場修復（谷口和也編），1999, pp.62-72.
26) 谷口和也・白石一成・蔵多一哉・鈴木 稔：褐藻フクリンアミジのメタノール抽出物に含まれるエゾアワビ被面子幼生の着底，変態阻害物質とその作用, 日水誌, 55, 1133-1137 (1989).
27) 谷口和也・蔵多一哉・鈴木 稔：褐藻ツルアラメのポリフェノール化合物によるエゾアワビに対する摂食阻害作用, 日水誌, 57, 2065-2071 (1991).
28) 谷口和也・秋元義正・蔵多一哉・鈴木 稔：褐藻アラメの食植動物に対する化学的防御機構, 日水誌, 58, 571-575 (1992).
29) 小島 博：クロアワビの資源管理に関する生態学的研究, 徳島水研報, 3, 1-120 (2005)
30) 吾妻行雄：キタムラサキウニの個体群動態に関する生態学的研究, 北水試研報, 51, 1-66 (1997).
31) 中林信康・三浦信昭・吾妻行雄・谷口和也：秋田県沿岸におけるキタムラサキウニの成長および生殖巣の発達と海藻群落との関係, 水産増殖, 54, 365-374 (2006).
32) 關 哲夫：東北地方太平洋沿岸における藻場修復, 磯焼けの機構と藻場修復（谷口和也編）, 恒星社厚生閣, 1999, pp.98-110.

9章 サイクリック遷移にもとづく磯焼け診断の方法

中 林 信 康[*1]・吾 妻 行 雄[*2]

　世界中の潮下帯岩礁域では，浅所の海中林と深所の無節サンゴモ群落とによる帯状構造が認められる．海中林内の林床にも無節サンゴモが生育するので，毎年の海況条件により海中林が拡大あるいは縮小すると無節サンゴモ群落も縮小あるいは拡大する．このような海藻群落の変動は，動物群集の変動をもたらす．したがって，持続的な沿岸漁業生産にとって，その動態を的確に把握することは極めて重要な課題である．コンブ目褐藻海中林では，海中林と無節サンゴモ群落との相互の変動過程がサイクリック遷移モデルとして提案されている[1-3]．これにもとづけば，磯焼けは無節サンゴモ群落が浅所まで拡大し持続する遷移の初期相であり，海況条件により遷移の進行が促進されると，海中林が深所まで拡大して極相が持続する．したがって，漁場の磯焼けの程度は，遷移相がサイクリック遷移のどの段階にあるのかによって診断できると考えられる．

　一方，時として破壊的な摂食圧で磯焼けを持続させるウニの成長と生殖巣の量的な発達は，主要な食物となる海藻の種類と量によって決定される[4-6]．したがって，ウニの成長速度と生殖巣指数が漁場の遷移相を反映するならば，それらを磯焼け診断の指標にできる．このような考えにもとづき，水産庁を中心に作成した磯焼け診断技術[7]について，ヒバマタ目褐藻海中林が優占する秋田県における事例を中心に紹介する．

§1. ヒバマタ目褐藻を極相とする遷移の進行系列

　サイクリック遷移にもとづいて磯焼け診断技術を確立するには，海中林の構成海藻が異なる海域であっても適用できる技術であるか否かを知る必要がある．特に，日本海沿岸に優占するヒバマタ目褐藻海中林では診断の基礎となる

[*1] 秋田県農林水産部
[*2] 東北大学大学院農学研究科

遷移の進行系列が明らかではなかった．そこで，砂の堆積で衰退した海中林を，ハタハタの産卵場として修復するために行った秋田県八森町（現八峰町）小入川沿岸（図9・1）での実験で，設置年度が異なる海藻礁，すなわち裸地からの経過時間が異なる海藻礁上の植生を相互に比較しヒバマタ目褐藻海中林を極相とする遷移の進行系列を求めた[8]．

それぞれ設置年度の異なる4基を対象に，入植する海藻の種ごとの被度を生活形に分類し比較した（図9・2，A〜D）．裸地（設置）からの経過時間に対して各生活形群が優占した期間を求めると，緑藻アナアオサなどの小形1年生海藻は，海藻礁の設置後6ヶ月〜1年8ヶ月までの期間（海藻礁A，B），同様に無節サンゴモが主体の殻状海藻は小形1年生海藻の減少にともなう1年〜1年3

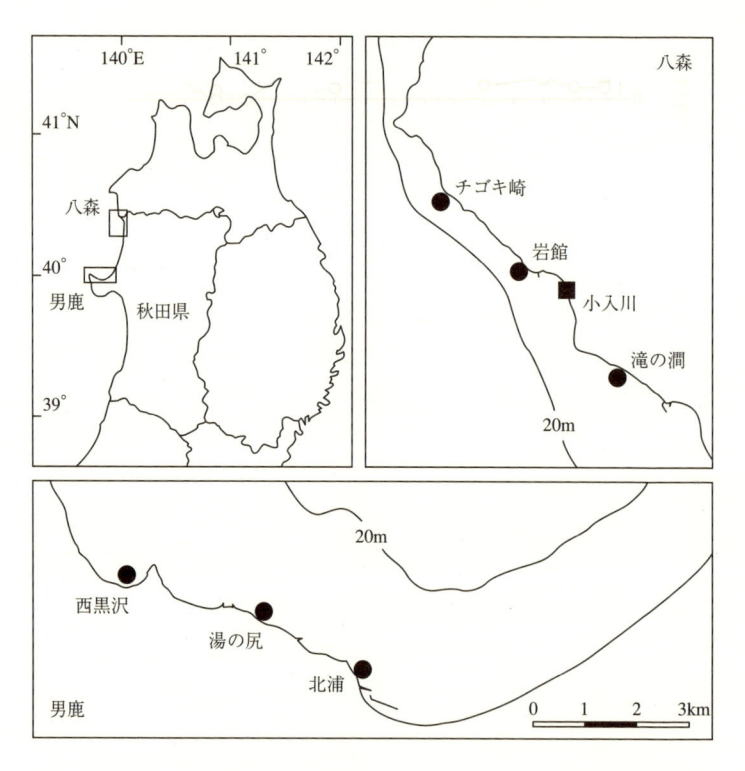

図9・1　ヒバマタ目褐藻を極相とする遷移系列およびウニの成長，生殖巣の量的発達と遷移相との関係を調べた調査区

9章　サイクリック遷移にもとづく磯焼け診断の方法　*109*

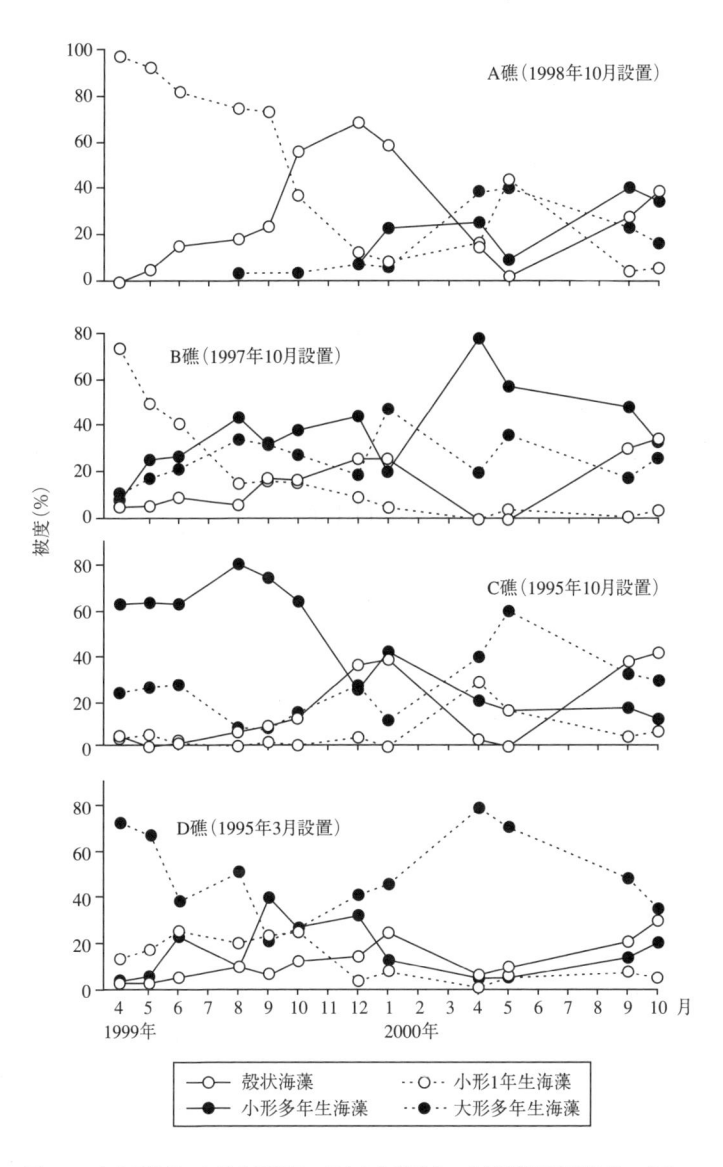

図9・2　小入川沿岸における設置年の異なる海藻礁上の生活形群別海藻被度の変化

凡例：
- ─○─　殻状海藻
- ┈○┈　小形1年生海藻
- ─●─　小形多年生海藻
- ┈●┈　大形多年生海藻

ヶ月（海藻礁A），褐藻エゾヤハズ，紅藻マクサ，ツノマタなど小形多年生海藻は1年10ヶ月～4年（海藻礁B，C），スギモク，フシスジモク，ジョロモクの3種による大形多年生海藻は4年1ヶ月～5年7ヶ月（海藻C，D）であった．このような裸地からの経過時間にともなう生活形組成の明瞭な変化は，アラメなどのコンブ目褐藻を極相とする遷移系列[9, 10]と一致するので，海中林の形成に際しては，小形1年生海藻と殻状海藻の優占による始相，小形1年生海藻の減少と殻状海藻の優占による途中相前期，小形多年生海藻の入植と優占による途中相後期，大形多年生海藻の入植と優占による極相に至る系列が一般的に認められると結論された．したがって，海域や海中林の構成種が異なっても出現海藻の生活形分類により漁場の海藻群落の遷移相を診断できることが明らかになった．

§2. ウニの成長，生殖巣の発達と海藻群落の遷移相との関係

次いで，診断技術の要素となるウニの成長と生殖巣の量的発達が，海藻群落の遷移相を反映するか否かを明らかにするため，秋田県沿岸の6調査区（図9・1）において，海藻の生活形群別の垂直分布，ウニの年齢と殻径との関係，生殖巣指数などを比較した．ここでは，キタムラサキウニにおける結果[11]を主体に記述する．

2・1 漁場の遷移相とウニの分布

1998年6月および7月に，各調査区において無節サンゴモが優占する水深帯まで，水深1mごとに生活形群別の海藻現存量とキタムラサキウニの密度を調べた．男鹿の西黒沢，湯の尻，北浦の3調査区（図9・3）は，いずれも水深7m前後までスギモク，ママメタワラ，ヤツマタモクなどの大形多年生のヒバマタ目褐藻が1 kg／m^{2}以上で優占した．八森町チゴキ崎，岩館，滝の澗の3調査区（図9・3）で，ヨレモク，トゲモクなどの大形多年生海藻の分布は，いずれも水深2m以浅に限定され，現存量も男鹿の3調査区に比べて少なかった．これに対して，小形多年生海藻は3調査区ともすべての水深帯にほぼ優占して生育した．しかし，構成種は調査区により異なり，水深2～3m以浅において，チゴキ崎ではソゾ属紅藻，岩館ではアミジグサ科褐藻，滝の澗では紅藻ツノマタがそれぞれ優占した．男鹿と八森のいずれの調査区も浅所から深所に向け大

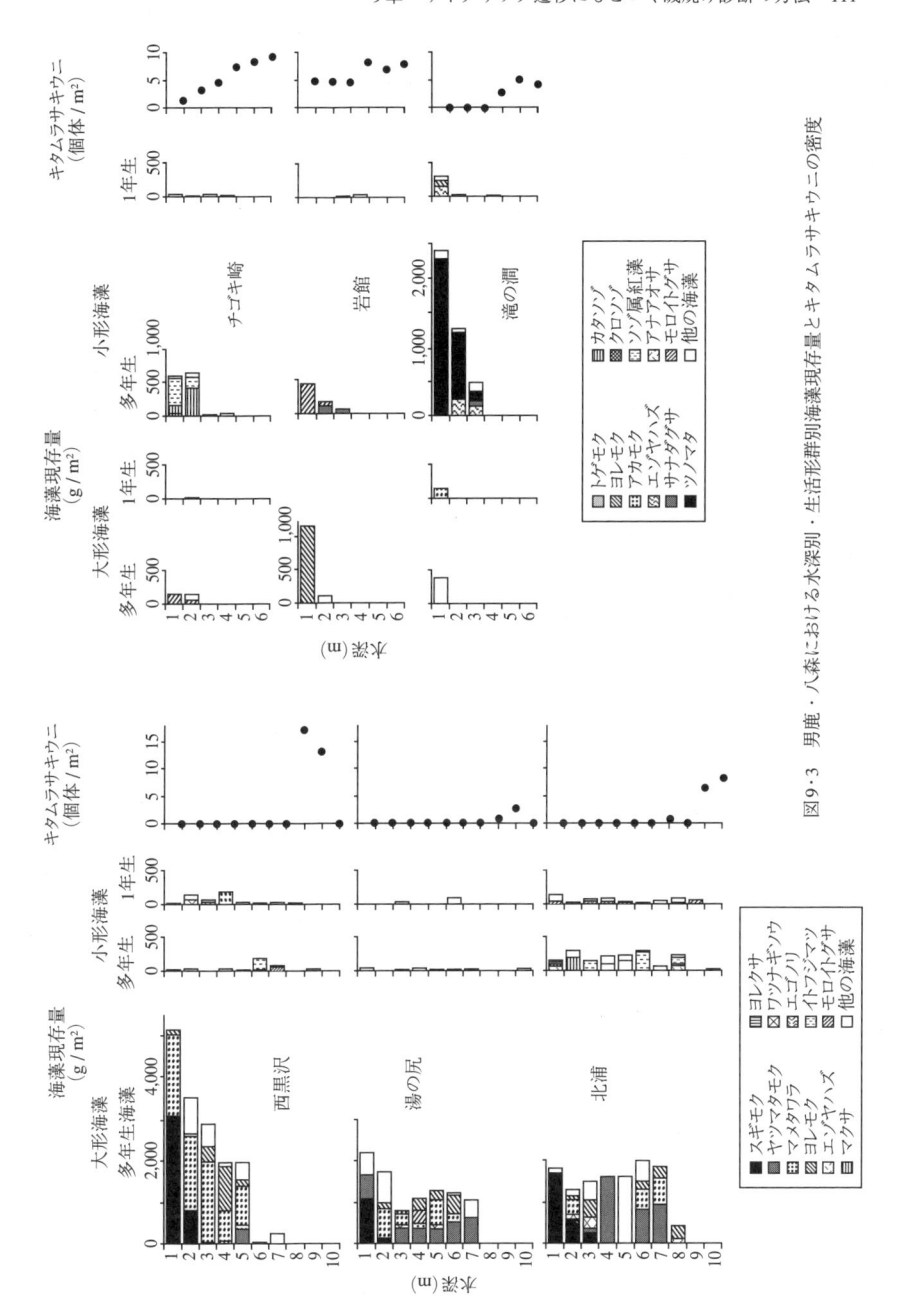

9章　サイクリック遷移にもとづく磯焼け診断の方法　111

図9・3　男鹿・八森における水深別・生活形群別海藻現存量とキタムラサキウニの密度

形多年生海藻群落，小形多年生海藻，無節サンゴモ群落で構成される帯状構造が認められ，生息するキタムラサキウニの密度は，浅所の葉状海藻群落内では著しく低く，深所の無節サンゴモ群落で著しく高かった．

このように当海域においても多くの海域で一般的にみられる潮下帯海藻群落の帯状構造とウニの鉛直分布に基本的に一致した[1-3, 12-15]．また，無節サンゴモ群落から海中林へ至る遷移の進行系列は，深所から浅所への帯状構造と明確な対応関係にある[10]ので，男鹿の3調査区は大形多年生のヒバマタ目褐藻による極相群落に，八森の3調査区は小形多年生海藻による途中相後期群落であると判断された．

2・2 異なる遷移相におけるウニの成長

異なる遷移相におけるキタムラサキウニの年齢と殻径との関係を知るため，漁場の遷移相を調べた各調査区において，1998年9月および10月に，キタムラサキウニを各水深帯で約30個体を採集し，殻径を測定した後，個体ごとに生殖板中に形成される輪紋（黒色帯）により年齢を査定し[16, 17]，産卵期を9月[18]とする満年齢を求めた．また，第5生殖板の最大横幅と各輪紋の最大横幅を測定し，殻径と第5生殖板の最大横幅との一次回帰式に各輪紋の最大横幅を代入して年齢ごとの殻径を求めた[17]．各年級群の年齢と殻径との関係を漁場の遷移相ごとに図9・4に示した．

秋田県の漁獲制限殻径5 cmに達する年齢を基準とすると，男鹿の3調査区のヒバマタ目褐藻による極相で満3～4歳，八森の滝の澗のツノマタによる途中相後期で満5～6歳，チゴキ崎のソゾ属紅藻と岩舘のアミジグサ科褐藻による途中相後期では満7～8歳であり，成長は生息する遷移相によって明瞭に異なっていた．これら遷移相による年齢ごとの殻径の相違には基本的に統計的な有意差が認められた（シェッフェの多重比較，$p < 0.05$）．キタムラサキウニが殻径5 cmに達する年齢は，コンブ目褐藻群落では満2～4歳，無節サンゴモ群落では満7～8歳であることが報告されている[6]．このことから，キタムラサキウニの成長は，極相群落であってもヒバマタ目褐藻ではコンブ目褐藻より劣る．また，同じ途中相群落であってもアミジグサ科褐藻やソゾ属紅藻など植食動物の摂食を阻害するテルペン化合物を生産する海藻[3]では，それを生産しない海藻より成長が劣り，無節サンゴモ群落での場合[6]とほぼ等しいことが明ら

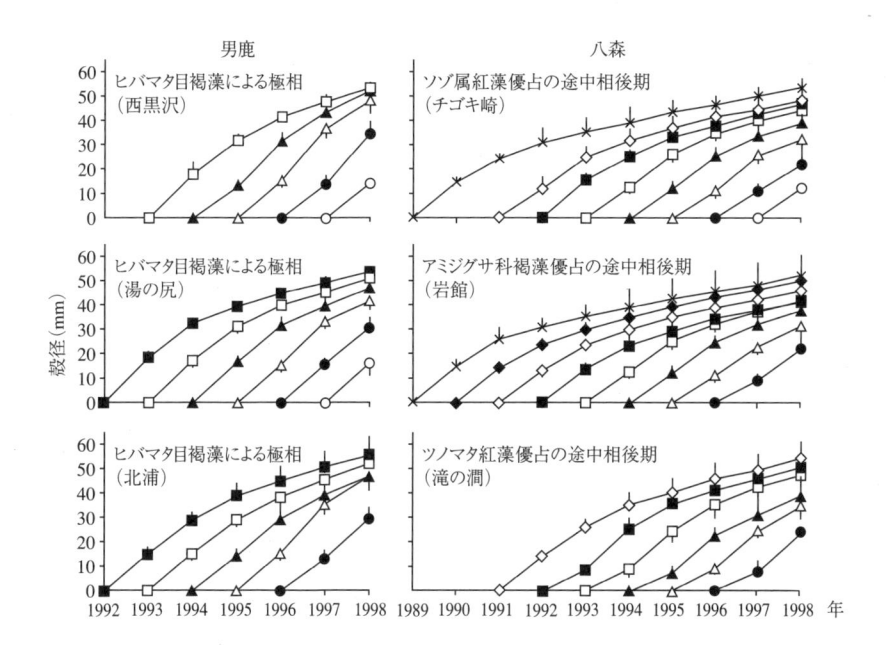

図9・4 各遷移相におけるキタムラサキウニ各年級群の年齢と殻径との関係
値は平均値と標準偏差.

2・3 異なる遷移相におけるウニの生殖巣の量的発達

キタムラサキウニの生殖巣の量的な発達は,夏季にピークに達する[6].そこで,遷移相によって生殖巣の量的な発達に相違があるか否かを知るため,2000年7月に西黒沢,チゴキ崎,滝の澗の3調査区で,1998年と同様の方法で海藻とウニの垂直分布を調べるとともに,各水深から殻径4 cm以上のキタムラサキウニ成体を採集し,生殖巣指数(生殖巣重量×100／体重)を求めた.

海藻の構成種とキタムラサキウニの分布は,1998年の調査結果とほぼ同様で,西黒沢はヒバマタ目褐藻による極相群落,滝の澗は紅藻ツノマタが優占,チゴキ崎はソゾ属紅藻が優占する途中相群落とみなされた.キタムラサキウニの密度はいずれも葉状海藻群落で低く,深所の無節サンゴモ群落で高かった.

生殖巣指数を浅所の大形あるいは小形多年生海藻からなる葉状海藻群落と,深所の無節サンゴモ群落とに区分して図9・5に示した.生殖巣指数は浅所の異

なる葉状海藻群落間では有意差がなかったが（シェッフェの多重比較，$p > 0.05$），葉状海藻群落と無節サンゴモ群落とを比較すると，ソゾ属紅藻群落を除いた葉状海藻群落では無節サンゴモ群落より有意に高かった（$p < 0.01$）．

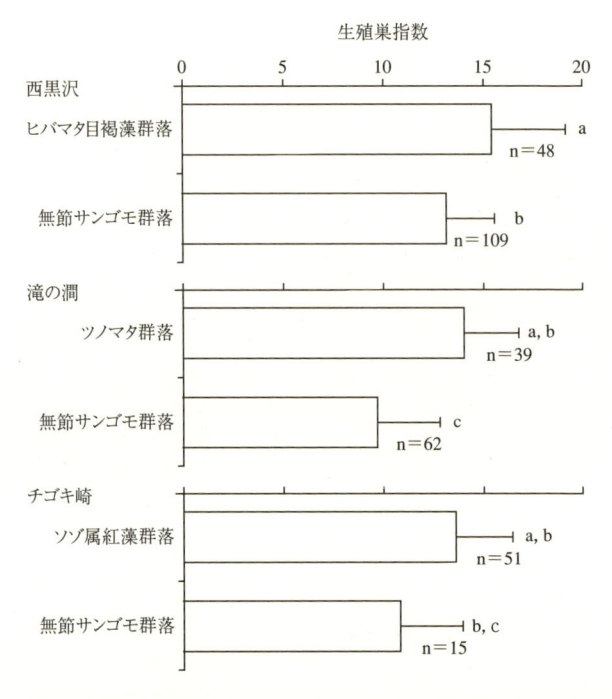

図9・5　各地区の葉状海藻群落と無節サンゴモ群落におけるキタムラサキウニの生殖巣指数　値は平均値と標準偏差．異なるアルファベットは生殖巣指数に有意差があることを示す（シェッフェの多重比較，$p < 0.05$）．

2・4　遷移相とウニの食物

ウニの成長および生殖巣の量的発達の相違が，どのような食物を摂食してもたらされたのかを明らかにするため，生殖巣指数を調べたウニの消化管内容物を種類ごとに区分し乾燥重量を測定した後，その組成を求めた（図9・6）．

成長がもっとも良好であったヒバマタ目褐藻群落では，ウニの消化管内にもヒバマタ目褐藻が多かった．ツノマタ群落とソゾ属紅藻群落では，優占して生育する海藻が消化管内に見出されることは少なく，異所的なヒバマタ目褐藻やその他の海藻の占める割合が高かった．無節サンゴモ群落でのウニの消化管内

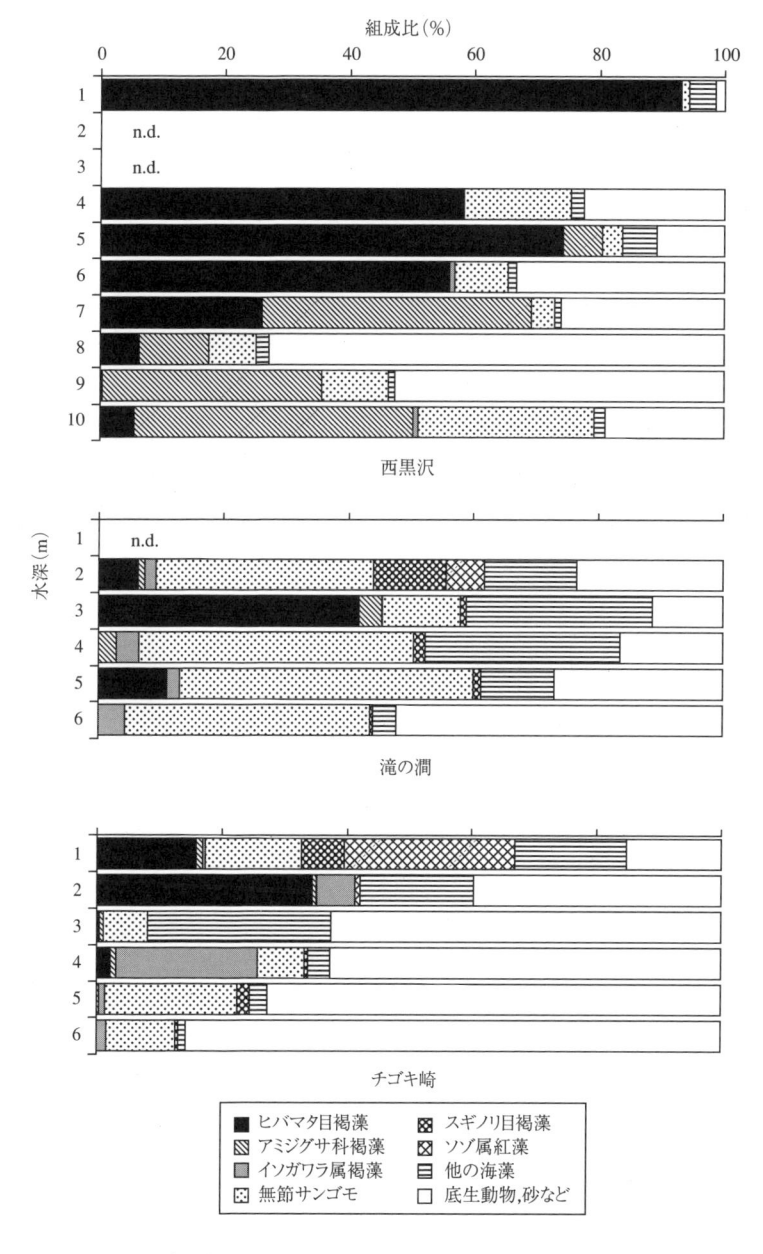

図9・6 各調査区におけるキタムラサキウニの消化管内容物の重量組成

容物は，無節サンゴモや海藻以外の底生動物が多く葉状海藻は少なかった．

キタムラサキウニの成長は，食物とする海藻の栄養価に依存する[19]とともに，葉状海藻に対する摂食選択性[20, 21]が重要と考えられる．したがって，キタムラサキウニは生育するヒバマタ目褐藻を直接摂食するとともに，それらが生育しない場所では流れ藻として供給されるヒバマタ目褐藻を摂食していると考えられる．ツノマタ群落とソゾ属紅藻群落でのウニの成長の有意差（図9・4）が，ヒバマタ目褐藻の流れ藻量によるか否かは明らかではないが，摂食阻害物質の有無が関わっていると考えられる．

生殖巣指数は，各調査区の葉状海藻群落と無節サンゴモ群落とを比較すると，ソゾ属紅藻群落を除く葉状海藻群落で無節サンゴモ群落より有意に高かった（図9・5）．キタムラサキウニは，深所の無節サンゴモ群落を底生生活以降の主要な生活の場とするが，生殖巣を発達させるため浅所のホソメコンブまたはアラメ海中林へ季節的に索餌移動することが知られている[4, 6]ので，当海域でも浅所の葉状海藻群落へ移動することによって生殖巣の発達が保障されると考えられる．また，キタムラサキウニは，タンパク質や炭水化物などの栄養分が減少した湯通しワカメを与えられると，生鮮ワカメよりも大量に摂食し栄養を補うことが知られている[22]ので，葉状海藻群落間で生殖巣の発達に有意差がなかったことは，栄養分が少ないと考えられる海藻でも，湯通しワカメのように大量に摂食し，生殖巣の発達に必要な栄養分を補填しているのかも知れない．

§3. 磯焼け診断の方法

本診断技術は，漁場の遷移相とそれに対応するウニの成長および生殖巣の量的発達を要素とする．漁場の遷移相とキタムラサキウニの成長と生殖巣の量的発達との対応関係は，他の海域における知見を加えると，より明瞭になる（表9・1）[6, 11, 23-25]．このような関係はバフンウニでも認められた（表9・2）[25-28]．したがって，ウニの年齢と殻径との関係および生殖巣指数は，漁場の遷移相を明瞭に反映するので，磯焼けの発生，持続，回復の過程を診断する指標にできる．

また，一般に漁場の生産性を規定しているのは，帯状構造を構成する各海藻群落中でもっとも生産力の高い海中林であり，その分布下限水深の変化は遷移

9章　サイクリック遷移にもとづく磯焼け診断の方法　117

表9・1　キタムラサキウニの成長および生殖巣指数と海藻群落

優占海藻	調査海域	成長（殻径5cm に達する年齢）	生殖巣指数		消化管内容物	文献
無節サンゴモ	北海道 芽部	満7～8歳	周年	10未満	—	吾妻[6]
〃	〃 奥尻	満7～8歳	—	—	—	〃
〃	〃 松前	満7～8歳	—	—	—	〃
〃	宮城県歌津・唐島	満4歳	7月	8.4	—	Agatsuma et al.[24]
〃	〃 バサネ	満3～5歳	7月	8.5	—	〃
〃	宮城県牡鹿半島・西黒沢・治浜	満2歳	8月	約14	無節サンゴモ，小形海藻	Sano et al.[23]
〃	秋田県男鹿八森・西黒沢	—	7月	約13	アミジグサ科，無節サンゴモ，動物	中林ら[11]
〃	秋田県男鹿八森・滝の澗	—	7月	約10	無節サンゴモ，砂	〃
〃	秋田県男鹿・チゴキ崎	—	7月	約11	無節サンゴモ，砂	〃
〃	秋田県男鹿・椿	—	10月	13.7	固着動物，無節サンゴモ	Endo et al.[25]
小形海藻						
アミジグサ科紅藻	秋田県八森・岩館	満7～8歳	—	—	—	中林ら[11]
ソゾ類	〃 チゴキ崎	満7歳	7月	13.8	その他の海藻	〃
ツノマタ	〃 滝の澗	満5～6歳	7月	14.1	無節サンゴモ，その他の海藻	〃
大形海藻						
ヒバマタ目褐藻						
スギモク，マメタワラ，ヤツマタモク	秋田県男鹿・西黒沢	満3～4歳	7月	15.4	ヒバマタ目褐藻，動物，砂	中林ら[11]
スギモク，マメタワラ，ヤツマタモク	〃 湯の尻	満4歳	—	—	—	〃
スギモク，マメタワラ，ヤツマタモク	〃 北浦	満4歳	—	—	—	〃
ジョロモク，マメタワラ，ヤツマタモク	秋田県男鹿・椿	—	6月	17.3	無節サンゴモ，動物，ヒバマタ目褐藻	Endo et al.[25]
コンブ目褐藻						
ホソメコンブ，エゾノネジモク	北海道乙部	—	7～8月	20以上	—	吾妻[6]
マコンブ	北海道知内	—	7～8月	20以上	—	〃
チガイソ，ガゴメ，マコンブ	北海道恵山	—	7～8月	20以上	—	〃
マコンブ	北海道福島	満2歳	—	—	—	〃
マコンブ，ガゴメ，チガイソ，フシスジモク	鍛法華	満3～4歳	—	—	—	〃
ミツイシコンブ	三石	満3～4歳	—	—	—	〃
ホソメコンブ	熊石	満7～8歳	—	—	—	〃
アラメ	宮城県塩釜・浦戸菜風沢	満2歳	7月	30.7	—	吾妻[6]
アラメ	〃 唐島	満2歳	—	—	—	〃
アラメ	宮城県歌津・石浜	—	7月	24.1	—	Agatsuma et al.[24]
アラメ	〃 唐島	—	7月	23.2	—	〃
アラメ	宮城県牡鹿半島・治浜	—	—	—	アラメ，ホンダワラ属褐藻	Sano et al.[23]

表 9・2 バフンウニの成長および生殖巣指数と海藻群落

優占海藻	調査海域	殻径 (mm)				生殖巣指数	文献
		1歳	2歳	3歳	4歳		
無節サンゴモ	秋田県男鹿・椿	—	—	—	—	11	Endo et al.[25]
	宮城県女川・指ヶ浜	—	—	—	—	11.2	Agatsuma et al.[28]
小形海藻							
エゾヤハズ	秋田県八森・岩館	3〜4	12〜15	19	—	—	Agatsuma et al.[27]
ソゾ属紅藻	〃 ・チゴキ崎	6	15	20	—	—	〃
ツノマタ	〃 ・滝の洞	7	20	26	—	—	〃
ツノマタ, スジウスバノリ	宮城県女川・指ヶ浜	—	—	—	—	18.5	Agatsuma et al.[28]
大形海藻							
ヒバマタ目褐藻							
スギモク, マメタワラ, ヤツマタモク	秋田県男鹿・北岸	5〜8	20	約30	—	—	Agatsuma et al.[27]
ジョロモク, マメタワラ, ヤツマタモク	秋田県男鹿・椿	—	—	—	—	11	Endo et al.[25]
ホンダワラ属褐藻	北海道忍路湾	10.9	23.9	31.1	37.2	20以上	Agatsuma and Nakata[26]

成長は年輪ごとの殻径を示す. 生殖巣指数は年間最高時の値で示した.

の退行，すなわち磯焼けの進行を判断する明確な基準となる．なお，本技術の適用範囲は，本来，海中林が発達し得る漁場とし，海底が不安定な転石であったり，淡水の影響を強く受けることで，従来から遷移相が始相や途中相前期に留められている場合は，磯焼けとは区別して扱うのが妥当である．

3・1 磯焼け診断指針

どの遷移相をもって磯焼けと認識し，診断の基準とするかは，各海域の漁業との対応で検討する必要がある．なぜならば，漁場の遷移相がどの相まで退行すれば漁業被害を及ぼす磯焼けとなるかは各海域で異なるからである．

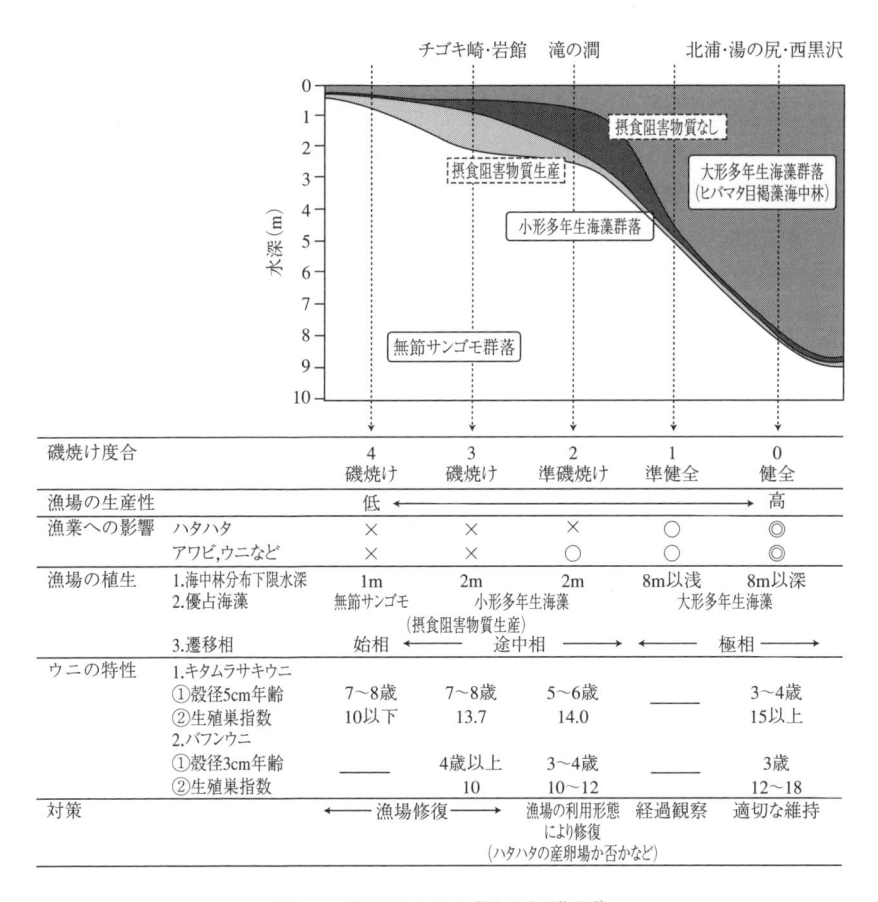

		チゴキ崎・岩館	滝の澗		北浦・湯の尻・西黒沢	
磯焼け度合		4 磯焼け	3 磯焼け	2 準磯焼け	1 準健全	0 健全
漁場の生産性		低 ←———————————————→ 高				
漁業への影響	ハタハタ	×	×	×	○	◎
	アワビ,ウニなど	×	×	○	○	◎
漁場の植生	1.海中林分布下限水深	1m	2m	2m	8m以浅	8m以深
	2.優占海藻	無節サンゴモ	小形多年生海藻 (摂食阻害物質生産)		大形多年生海藻	
	3.遷移相	始相 ←————	途中相	————→	←———— 極相 ————→	
ウニの特性	1.キタムラサキウニ					
	①殻径5cm年齢	7～8歳	7～8歳	5～6歳	———	3～4歳
	②生殖巣指数	10以下	13.7	14.0		15以上
	2.バフンウニ					
	①殻径3cm年齢	———	4歳以上	3～4歳		3歳
	②生殖巣指数		10	10～12		12～18
対策		←——— 漁場修復 ———→		漁場の利用形態により修復 (ハタハタの産卵場か否かなど)	経過観察	適切な維持

図9・7 秋田県における磯焼け診断指針[7]

秋田県沿岸において，ハタハタは水深2〜4mのヒバマタ目褐藻海中林を主要な産卵場とする．したがって，海中林が水深2m以浅まで縮小すると，ハタハタの再生産に重大な影響がある．また，摂食阻害物質を生産する海藻[3]が優占するとアワビやウニの成長と生殖巣の発達の著しい低下を招く．すなわち磯焼けとなる．秋田県における磯焼け診断指針を図9・7に示す．これによれば，帯状構造を構成する海中林，小形多年生海藻群落，無節サンゴモ群落がそれぞれどの水深帯で交代しているかで磯焼け度合が診断できる．また，ウニの年齢と殻径との関係および生殖巣指数は漁場の生産性を知る指標となるほか，成長履歴によって，同一漁場の年による磯焼け度合を過去に遡って知ることができる．

3・2 磯焼け診断の方法と活用

磯焼け診断のための調査項目と得られる診断内容を表9・3に示す．これにもとづく現地調査結果と診断指針（例：図9・7）とを比較することで，現状の磯焼け度合（海中林分布下限水深，優占海藻の生活形分類による帯状構造の把握，ウニの成長と生殖巣指数），磯焼け度合の履歴（ウニの成長履歴），磯焼けの持続要因（ウニの密度と現存量，水温，栄養塩，淡水の影響，基質の安定性など）が推定できる．ウニの年間摂食量が海中林の年間純生産量の3分の1から4分の1を上回ると海中林の形成が阻害されることが経験的に指摘されている[29]．また，安定したヒバマタ目褐藻海中林では年間極大期の現存量を年間純生産量とみなしてよいので，同時期に調査を行い，それらとウニの密度や現存量を比較すれば磯焼けが持続するのか否かも推定できると考えられる．さらに，ミツイシコンブの年間純生産量に対するエゾバフンウニの純成長効率（転換効率）

表9・3 磯焼け診断のための調査項目と診断内容

調査項目	診断内容
1. 海中林の分布下限水深	
2. 優占海藻群落の生活形分類	
1）帯状構造を構成する各海藻群落の配置	調査海域の遷移相の診断
2）水深別・生活形群別海藻現存量	
3）摂食阻害物質生産の有無	
3. ウニの成長と生殖巣指数	
4. ウニの成長履歴	遷移相の履歴の診断
5. ウニの密度と現存量	海中林衰退・形成阻害要因の推定
6. 調査海域の環境把握	

は乾燥重量比で10％と計算されている[30]．これを基準とすれば，漁業生産の成立を前提とする海中林の規模とそれに対応するアワビやウニなど有用動物の収容密度や量が算定できる．すなわち，本技術は漁場の生産力を海中造林やその保全により維持，嵩上げし，有用動物の生産量を移植や種苗の放流により増大させるための指針として活用できると考えられる．今後，多くの海域で比較検証されることで，沿岸漁場管理の基盤技術としての確立が期待される．

文献

1) C. Harrold and D. C. Reed: Food availability, sea urchin grazing, and kelp forest community structure, *Ecology*, 66, 1160-1169 (1985).

2) C. R. Johnson and K. H. Mann: Diversity, patterns of adaptation, and stability of Nova scotian kelp beds, *Ecol. Monogr.*, 58, 129-154 (1988).

3) 谷口和也・蔵多一哉・鈴木 稔：海藻のケミカルシグナル，化学と生物，32, 434-442 (1994).

4) 佐野 稔・大森迪夫・谷口和也・關 哲夫：アラメ海中林とキタムラサキウニの生活史，磯焼けの機構と藻場修復（谷口和也編），恒星社厚生閣，1999, pp.73-83.

5) 川村一広：うに 増養殖と加工・流通，北海水産新聞社，1993, 82pp.

6) 吾妻行雄：キタムラサキウニの個体群動態に関する生態学的研究，北水試研報，51, 1-66 (1997).

7) 社団法人全国沿岸漁業振興開発協会：磯焼け診断指針，2001, pp.1-74.

8) 中林信康・谷口和也：秋田県八森町沿岸における海藻群落の遷移と漂砂の影響，水産増殖，52, 135-140 (2003).

9) 谷口和也：牡鹿半島沿岸の漸深帯における海底面の剥削後の海藻の再入植，東北水研研報，53, 1-5 (1991).

10) 谷口和也：牡鹿半島沿岸における漸深帯海藻群落の一次遷移，日水誌，62, 765-771 (1996).

11) 中林信康・三浦信昭・吾妻行雄・谷口和也：秋田県沿岸におけるキタムラサキウニの成長および生殖巣の発達と海藻群落との関係，水産増殖，54, 365-374 (2006).

12) K. H. Mann: Ecological energetics of the seaweed zone in a marine bay on the Atlantic coast of Canada, I. Zonation and biomass of seaweeds, *Mar. Biol.*, 12, 1-10 (1972).

13) J. H. Choat and D. R. Schiel: Patterns and distribution and abundance of large brown algae and invertebrate herbivores in subtidal regions of northern New Zealand, *J. exp. Mar. Biol. Ecol.*, 60, 129-162 (1982).

14) A. J. Underwood, M. J. Kingsford and N. L. Andrew: Patterns in shallow subtidal marine assemblages along the coast of New South Wales, *Aust. J. Ecol.*, 6, 231-249 (1991).

15) M. Sano, M. Omori, K. Taniguchi, T. Seki and R. Sasaki: Distribution of the sea urchin *Strongylocentrotus nudus* in relation to marine algal zonation in the rocky coastal area of the Oshika Peninsula, northern Japan, *Benthos Res.*, 53, 79-87 (1998).

16) M. L. Jensen: Age determination of echinoids, *Sarsia*, 37, 41-44 (1969).

17) 川村一広：エゾバフンウニの漁業生物学的研究，北水試研報，16, 1-54 (1973).

18) Y. Agatsuma: Ecology of *Strongylocentrotus nudus*, Edible sea urchins; Biology and ecology (ed. by J. M. Lawrence), Elsevier, 2001, pp.347-361.
19) 名畑進一・干川　裕・酒井勇一・船岡輝幸・大堀忠志・今村琢磨：キタムラサキウニに対する数種海藻の餌料価値，北水試研報，**54**, 33-40 (1999).
20) 町口裕二・水鳥純雄・三本菅喜昭：キタムラサキウニ *Strongylocentrotus nudus* の飼育下における摂餌選択性，北水研報告，**58**, 35-43 (1994).
21) K. Kurata, K. Taniguchi, Y. Agatsuma and M. Suzuki: Diterpenoid feeding-deterrents from *Laurencia saitoi*, *Phytochemistry*, **47**, 41-44 (1998).
22) Y. Agatsuma, Y. Yamada and K. Taniguchi: Dietary effect of the boiled stipe of brown alga *Undaria pinnatifida* on the growth and gonadal enhancement of the sea urchin *Strongylocentrotus nudus*, *Fish. Sci.*, **68**, 1271-1281 (2002).
23) M. Sano, M. Omori, K. Taniguchi and T. Seki: Age distribution of the sea urchin *Strongylocentrotus nudus* (A. Agassiz) in relation to algal zonation in a rocky coastal area on Oshika Peninsula, northern Japan, *Fish. Sci.*, **67**, 628-639 (2001).
24) Y. Agatsuma, M. Sato and K. Taniguchi: Factors causing brown-colored gonads of the sea urchin *Strongylocentrotus nudus* in northern Honshu, Japan, *Aquaculture*, **249**, 449-458 (2005).
25) H. Endo, N. Nakabayashi, Y. Agatsuma and K.Taniguchi: Food of the sea urchins *Strongylocentrotus nudus* and *Hemicentrotus pulcherrimus* associated with vertical distributions in fucoid beds and crustose coralline flats in northern Honshu, Japan, *Mar. Ecol. Prog. Ser.*, **352**, 125-135 (2007).
26) Y. Agatsuma and A. Nakata: Age determination, reproduction and growth of the sea urchin *Hemicentrotus pulcherrimus* in Oshoro Bay, Hokkaido, Japan, *J. Mar. Biol. Assoc. U.K.*, **84**, 401-405 (2004).
27) Y. Agatsuma, N. Nakabayashi, N. Miura and K. Taniguchi: Growth and gonad production of the sea urchin *Hemicentrotus pulcherrimus* in the fucoid bed and algal turf in northern Japan, *Mar. Ecol.*, **26**, 100-109 (2005).
28) Y. Agatsuma, H. Yamada and K. Taniguchi: Distribution of the sea urchin *Hemicentrotus pulcherrimus* along a shallow bathymetric gradient in Onagawa Bay in northern Honshu, Japan, *J. Shellfish Res.*, **25**, 1027-1036 (2006).
29) 谷口和也：磯焼けを海中林へ，裳華房，1998, pp.158-181.
30) A. Fuji and K. Kawamura: Studies on the biology of the sea urchin. VII. Bio-economics of the population of *Strongylocentrotus intermedius* on a rocky shore of southern Hokkaido, *Nippon Suisan Gakkaishi*, **36**, 763-775 (1970).

10章　磯焼けの原因と修復技術

谷 口 和 也[*1]・成 田 美智子[*2]・
中 林 信 康[*3]・吾 妻 行 雄[*1]

　植物が太陽エネルギーを用いて水と二酸化炭素からデンプンなどの有機物を生産することを光合成という．沿岸岩礁域は，海中林と呼ばれるコンブ目やヒバマタ目褐藻優占群落の形成によって，光合成による生産力が地球上でもっとも高い場所である．不足することのない光，海流と陸上の土壌などから供給される栄養塩，それらを吸収するために役立つ常に流動する海水が海中林の高い生産力を支えている．

　海中林は，乾燥重量で1年間に $1\sim8$ kg/m^2 の物質を生産する[1-11]．この生産量は陸上の熱帯雨林に等しいか，またははるかに高い．このため，海洋全体の0.1％にも満たない面積で，海洋全体の10％以上にも及ぶ生産量をもたらしている．海中林には，アワビ・ウニ・サザエなどその落葉を摂食する植食動物，葉上や根元に生息する微小な甲殻類・貝類・多毛類など，それらを食物とするメバル・カサゴ・アイナメなど魚類やエビ・カニなど大形甲殻類が多数生息する．魚類や大形甲殻類は採食の他，外敵からの逃避，産卵，稚仔あるいは生活史を通しての生息の場として海中林を利用する．さらにラッコ・アシカ・海鳥がそれらを求めて集まる．海中林は，高い生産力と生物多様性に富む地球上屈指の豊かな生態系を構成する．

　海中林が何らかの原因で縮小あるいは消滅すると，海中林に生活を依存する有用な動物もほとんど消失するので，沿岸漁業は大打撃を受ける．日本では，この現象を伊豆半島東岸の方言から磯焼け[12]と古くから呼んでいる．磯焼けの海底は，炭酸カルシウムを多量に蓄積する紅藻無節サンゴモが優占する景観となり，海中林とは異なった生物群集を構成する[13]．磯焼けは，海外でも

[*1] 東北大学大学院農学研究科
[*2] 宮城県農林水産部
[*3] 秋田県農林水産部

1800年代から記録され，景観的な特徴から荒地，海中林崩壊域，サンゴモ平原，桃色の岩，禿礁など，またウニが多数生息するのでウニが優占する荒地，ウニ-サンゴモ群集とも呼ばれる[13, 14]．

磯焼けを海中林へ修復することは，沿岸岩礁域における生物多様性を保全するためにも，産業的にも大変重要である．ここでは，これまでの研究にもとづいて磯焼けの原因を整理し，修復技術の現状を紹介したい．

§1. 海中林の成立条件

海藻は，明らかな根，茎，葉の分化がみられない葉状植物である．海底には付着器または仮根と呼ばれる器官で着生する．したがって海中林は，着生する基質が安定していなければ生育できない．また海中林が生育する潮下帯は，どんなに清澄な海域であっても水深5 m以上になると赤色光が失われ，光の強さも急速に低下する．したがって海中林は，光合成が可能な光がある水深までしか分布できない．さらに海藻は，栄養塩を体表面全体から吸収する．したがって常に流動する環境でなければ栄養塩を吸収できない．海藻の細胞壁が水溶性繊維でできているのは，波の動きにしたがって柔軟に揺れ動くためであると考えられている．このように海中林が成立するためには，①基質の安定性，②光，③流動環境が重要な条件となる．

海底は，着生基質としての安定性から①泥，②細砂，③砂，④礫，⑤石，⑥不動石，⑦岩・岩礁に分類される．泥から砂までは非常に不安定なので，世代時間が極めて短い単細胞の付着藻類は生育できるが，多細胞の海藻は生育できない．海藻は，寿命と階層性から①殻状海藻，②小形1年生海藻，③小形多年生海藻，④大形1年生海藻，⑤大形多年生海藻などの生活形に分類されている[13, 15]．海底が礫の場合，無節サンゴモのような殻状海藻は生育できるが，他の生活形の海藻は生育できない．石に対しては季節的に出現する1年生海藻は生育できるが，寿命が1年以上である多年生海藻は生育できない．大形多年生海藻である海中林を構成する海藻は，基質が安定な不動石または岩でなければ生育できない（図10・1）[13-17]．

基質の安定性は，堆積岩であれば成立した地質年代と関係する．牡鹿半島から気仙沼沿岸までの古生代から中生代起源（6,500万年以前）の黒色泥岩では，

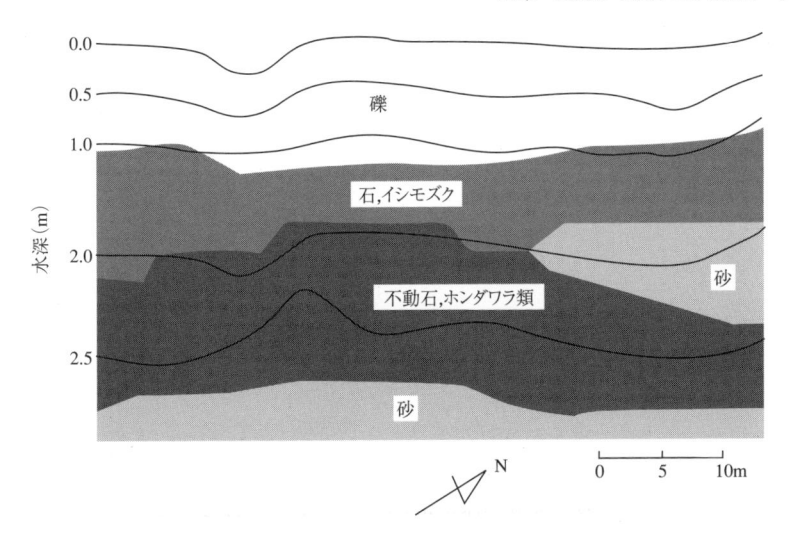

図10・1 佐渡島赤玉沿岸における底質と優占海藻群落の分布　小形1年生海藻イシモズクは石に，大形多年生海藻ホンダワラ類は不動石に生育する．

海中林は成立する．常磐沿岸の新生代新第三紀（100万年以前）起源までの泥岩では，アラメが5～6年程度で更新することを該地の漁業者は「軟岩」と称してよく知っている．新しい第四紀の海底では大形多年生海藻の生育は難しい．水深にともなう光の減衰は，潮下帯における海藻の垂直分布，帯状構造を決定する．アラメは光量子束密度5 $\mu mol/m^2/$秒以上でなければ光合成を行えないが，カジメはそれ以下でも光合成を行うので[18]，地理的に両種が分布を重ねる海域ではアラメが浅所，カジメが深所に生育する．また海中林内においては，林冠による光の減衰のため林床には小形紅藻，最下層の海底には無節サンゴモからなる階層構造が形成される．

　流動環境は，体表面全体で栄養塩を吸収する海藻にとって極めて重要である．Neushul[19]は，海藻が生活史を通して4段階の流動環境に遭遇することを初めて明らかにした．海底直上1 cm以内の薄層では流速1 cm/秒，海底から2 cmまでの境界層では10 cm/秒以下である．境界層を越えると流速は急速に高まり，1 m/秒以上の往復流である波動帯へ，海面近くでは定常流である流動帯となる．流動帯までのびている大形海藻であっても流速が低下すれば葉状部表面に境界層が形成されるので，栄養塩吸収が厳しく制限される．アラメのような

葉状部表面の皺紋，マコンブのような縁辺のフリル，アナメのような葉上部の穴は，海水の攪乱を高めるので栄養塩の吸収を効率化する．しかし，I-3章に示したように高水温・貧栄養の海況条件では低流速の深所ほど生存に危機的となる．

§2. 磯焼けの原因

磯焼けの原因は，水温・栄養塩・波動など無機環境の変化に起因して生物群集が変化する自然の生態学的要因と人間活動の影響による環境破壊とに明確に分けるべきである（表10·1）．海中林が崩壊する現象としては類似していても，生態学的要因による場合は生物にとって必然的な環境の変化であるのに対し，陸上の開発による淡水・濁水の大量流入（II-7章），海洋汚染による富栄養化や透明度の低下，重油流出事故などによる海中林の崩壊は，沿岸生物にとってはまったく偶然的な環境変化で，原因が持続する限り無節サンゴモを含む沿岸生物を死滅に追い込む不可逆的過程である．しかし原因を人間自身の手で明確にして取り除けば，海中林は修復できる．磯焼けを初めて科学的に定義した遠藤[12]は，大雨で河川から淡水が大量に出水し，塩分濃度が低下することによって磯焼けが発生すると考え，「水源地方ノ森林ノ濫伐ヲ制限シ輪伐法ニ依リテ絶ヘズ樹木アラシムル」と沿岸環境の保全にとって重要な提案を1911年当時すでに行っている．沿岸環境に対する人間活動の破壊的な影響を定量的に把握することは，国土の保全を図る上で大変重要な課題である．

自然の生態学的要因であっても津波・火山爆発・洪水・例外的な大時化など一時的な，激越な環境変化による海中林の崩壊は，生態学的な攪乱と

表10·1 磯焼けの発生と持続の要因

I. 生態学的要因（必然性）
 1. 無機環境の変化
  1）海況条件；水温，栄養塩，波動など
  2）一時的，激越な環境変化；津波，火山爆発，大時化，洪水など
 2. 生物の影響
  1）植食動物の摂食圧

II. 人間活動による要因（偶然性）
 1. 過剰な収穫
 2. 海水汚濁による透明度の減少
 3. 浮遊性の懸濁物，漂砂，土砂の影響
 4. 鉱山，工場からの廃水
 5. 石油などの油脂（重油流出事故など）
 6. 生活廃水など界面活性剤の流入（？）
 7. 農薬（除草剤など）の流入（？）

して偶然性が高く，予測が困難な場合が多い．通常海中林が深所から浅所へ縮小して磯焼けが発生することが知られている[13, 20]．しかし，一時的な環境変化による場合，海中林が浅所で，または部分的に崩壊するので法則性はない．

例外的な大時化は，不動石さえも動石化し，成立年代が若い堆積岩ではそこから海藻を剥ぎ取り，海中林を崩壊させる．最近，大時化によってヒバマタ目褐藻海中林が大規模に崩壊した男鹿半島北浦沿岸の事例を紹介する．2008年2月の潜水観察によれば，水深1〜5mに褐藻スギモクの細い糸状の葉で分枝しない当歳茎に加えて，新たに長さ10cm未満の鱗片葉の茎が発芽していた（図10・2）．スギモクの卵放出期は4月なので[11]，観察されたスギモクは，明らかに2007年4月以降に発芽した個体である．新たに発芽が観察された鱗片葉の茎には2009年4月には生殖器床を形成するであろう．該地のスギモク群落は主に多年生の付着器から直立茎が発芽することによって維持されており，卵からの発芽が極めて少ないと報告されている[11]．この水深帯には，2007年の春〜夏に発芽したと考えられる褐藻ヤツマタモク，フシスジモク，マメタワラ，ヨレモクの当歳個体も同時に観察された．小形海藻は，水深8mまで認められた（図10・2，表10・2）．北浦沿岸の海底は，100〜400万年前の新生代新第三紀鮮新世の北浦層でもろい泥岩からなる．以上の知見から，2007年4月以前に基質の大規模な更新があり，海中林が崩壊したと推定される．それは，

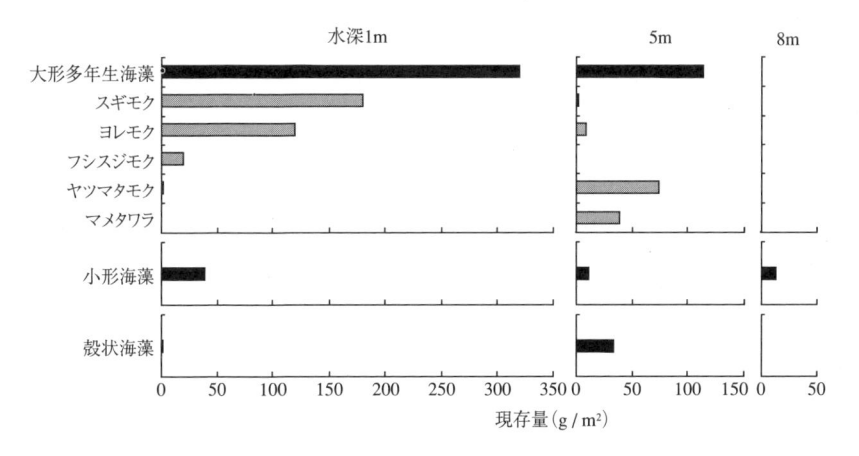

図10・2　男鹿半島北浦沿岸で2007年1月に崩壊した海中林の跡地の入植14ヶ月後の海藻の現存量

表10・2　男鹿半島北浦沿岸における2007年1月に崩壊した海中林の跡地に入植14ヶ月後の海藻

殻状海藻
　ハイミルモドキ

小型1年生海藻
　アナアオサ，フクロノリ，ハバモドキ，ムカデノリ属，カバノリ，
　フツナギソウ，エゴノリ，ハネイギス，シマダジア，イソハギ，
　キブリイトグサ，モロイトグサ，イトグサ属，コザネモ

小型多年生海藻
　アミジグサ，フクリンアミジ，有節サンゴモ，フサカニノテ，
　マクサ，オバクサ，スジウスバノリ，ハネソゾ，ソゾ属

大型1年生海藻
　ワカメ

大型多年生海藻
　スギモク，フシスジモク，ヤツマタモク，マメタワラ，ヨレモク

2007年1月6〜8日に発達しながら通過した所謂，爆弾低気圧による大時化である可能性がもっとも高い．漁業者によれば，「これまで経験したことがない大時化」であった．北浦沿岸に大時化をもたらすのは北西風である．秋田地方気象台能代地域気象観測所によれば，2007年1月7日に1976年以来もっとも高い風速16 m/秒の北西風が観測された．このような偶然性が高い攪乱による海中林崩壊は，地球温暖化の進行にともなって多発する可能性が高い．予測が可能となるように気象学や海洋物理学との学際研究を行う必要がある．

　世界的に共通する磯焼けは，高水温・貧栄養の海況条件が原因で発生する．伊豆半島東岸では黒潮大蛇行による黒潮の接岸，東北地方太平洋沿岸では親潮の弱勢化，北海道日本海沿岸では対馬暖流の強勢化が原因である[13, 14, 20, 21]．南北アメリカ太平洋沿岸ではエル・ニーニョが磯焼けを，ラ・ニーニャが海中林の回復をもたらす[22]．カリフォルニア半島沿岸では，エル・ニーニョの際に頻発する大時化が海中林の崩壊に大きく関わっていることも指摘されている．この他，カナダ東部，アフリカ南部など寒流が影響する海域，オーストラリア南部，ノルウエー，アラビア海など深層水が湧昇する海域では海中林が発達するが，磯焼けもしばしば経験する[13, 14]．正確な環境測定資料をもたなかった天

保年間（1830年代）に，下北半島の漁民は例年より高水温であるとマコンブが凶作であることを知っていた．現在では，水温・栄養塩濃度・波浪など無機環境要因は長期間にわたる測定資料によって平均値と偏差によって定量的に評価できる．このため現在では，磯焼けが発生する環境の異常性を予測することは可能である（Ⅰ-1, 2章）．また磯焼けの発生と持続には，海中林にとって栄養塩欠乏がもっとも重大な要因であることが明らかにされている（Ⅰ-3章）．

磯焼けの景観は，ウニ-サンゴモ群集とも呼ばれるように世界中共通して無節サンゴモが被覆する白あるいは桃色の海底にウニが高密度に生息することが特徴的である．無節サンゴモは揮発物質ジブロモメタンを常時多量に分泌しており，着底・変態期に入ったウニ幼生は，ジブロモメタンに接触すると速やかに変態する（Ⅰ-4章）[23, 24]．無節サンゴモ群落で大量に発生するウニは，無節サンゴモの表面に着生・発芽する多くの藻類を無節サンゴモ表層とともに摂食する．無節サンゴモは，表層の死細胞を剥離する[25]のでウニの摂食の影響はほとんど受けないと考えられる．一方ウニは，絶食には極めて強い．また，満1歳以上になると春から秋にかけて生殖巣の発達を図るため食物を求めて浅所の海中林へ，秋から春にかけては無節サンゴモ群落へ季節的に移動する（Ⅱ-5章）[26, 27]．このため，磯焼けは持続する．

低水温・富栄養の海況条件に転ずれば，海中林は回復する．多くの海中林は生育状態であれば，多量のポリフェノールを含有するので，ウニなどには容易に食われない．しかし，落葉になるとポリフェノールが溶出するのでよく食われるようになる．最近，海中林はウニ幼生の変態を阻害し，死亡させるブロモフェノールを分泌することが明らかになった（Ⅰ-4章）[28]．このように海中林は植食動物に対して化学的に防御している．

海中林の林床は薄暗く，後継群はほとんど形成できない．高齢な大形個体が死亡して林冠にギャップと呼ばれる穴が開き，林床に光が差し込むようになると後継群は形成できる．アラメ・カジメ海中林においては，高齢な大形個体が年間でもっとも多く死亡してギャップが形成されるのは9月から11月にかけての期間である．この期間は海中林が成熟し，生殖細胞である遊走子が放出される時期と一致する[13, 18]．このようにギャップに後継群が次々と形成され，高齢群と交代していくことをギャップ更新という．海中林は，陸上森林と同様にギ

ャップ更新で維持されている．

§3. 海中林の修復技術

沿岸漁業は，食糧生産と雇用に寄与するだけでなく，国土保全，さらには地球環境保全に寄与する重要な産業である．干潟のアサリ・ハマグリ，養殖のマガキ・ホタテガイ・アコヤガイ・ホヤ，砂泥域のアカガイ・タイラギなど濾過食動物は，海洋汚染の元凶である海中の有機懸濁物を取り込んで無機化する．この作用は下水の2次処理機能に相当する[29]が，無機化したアンモニア・硝酸・リン酸などは海域を富栄養化する．海藻は無機化した窒素やリンを速やかに大量に吸収して富栄養化を阻止する．この作用は下水の高次処理機能に相当する．干潟とともに海中林を維持できる環境を保全する努力が必要である．

海中林を修復する海中造林技術は，表10・3に示したように①新生面作出による着生基質の整備，②海中林種苗の生産と移植，③植食動物の摂食圧の排除の要素技術からなる．この報告において，④栄養塩添加による海中林の生育促進を新たに提案したい．

磯焼けの持続要因としての摂食圧対策は，海外では古くから植食動物の駆除

表10・3　海中林造成技術

Ⅰ．種苗の生産と供給
1．母藻の移植
2．遊走子，配偶体，芽胞体の大量散布
3．人工種苗の生産と移植；ロープ養殖，海底移植
Ⅱ．着底基質の整備
1．投石，海藻礁の設置
2．岩礁の爆破
3．雑藻の駆除（ウニの摂食圧利用，チェーン振りなど）
Ⅲ．種苗の保護・育成
1．植食動物の駆除
2．海藻の大量投入による摂食圧の吸収
3．植食動物の這い上がりの防止
4．網囲いによる食害の防止
5．化学物質の利用（天然物，有機酸）
Ⅳ．栄養塩の添加による海藻の生育促進

が行われた．日本でも同様に事業的規模で成功し，成熟藻体や人工種苗の移植，ロープ養殖によって成果をより確かなものにしている．松島湾においては，アラメ海中林の造成に際して，成長が遅いアラメ種苗とともに成長が速い大形1年生海藻のワカメ・マコンブ種苗を移植する方法が実施され，成果をあげている[13]．この技術の行使によって約1,000 m^{2}の造成された海中林の生産力にもとづいて1トン近いエゾアワビの生産を可能とし，メバル・アイナメなど魚類の生産向上に資することを証明した[13, 30]．宮城県志津川湾においては，漁業者自らアラメの成熟藻体の移植によって3 haの海中林の造成に成功している[31]．秋田県八森沿岸では，海藻礁によってヒバマタ目褐藻海中林を造成し，ハタハタ産卵場を復活させた（Ⅲ-9章）[17]．北海道寿都湾においてもウニの継続的な駆除によってフシスジモク海中林の造成に成功し[26]，以後北海道各地でウニ駆除の事業化がなされ，同様な成果が得られている．

　日本沿岸各地では，コンクリートブロックなどによる様々な形状の海藻礁が設置されている．海中林を効果的に造成するためには，裸地における海藻群落の遷移の進行を速め，摂食圧を効果的に排除する必要がある．そのため，海水を濾過して海藻の生殖細胞を多量に集める機能をもつポーラスコンクリート製海藻礁が開発され，海中林の造成が図られた[32]．この成功は，生殖細胞の多量の付着によって遷移の進行が促進され，海中林に先行してテルペンなど化学的防御物質を生産する褐藻アミジグサとフクリンアミジが群落を形成してウニなどを排除し，アラメが保護された結果であると考えられている．

　現在，全国的にウニ駆除による海中林の造成が行われているが，海域によってはウニを駆除しても海中林が回復しない事例も現れている．地球温暖化が進行し，海藻の生育に不適な高水温・貧栄養の環境が長期に持続しているからである．加えて西日本沿岸においては，アイゴ・イスズミ・ノトイスズミ・ブダイなど植食魚類の食害が顕在化し，重大な問題となっている．植食魚類の生活史と生活年周期を明らかにする努力が続けられているが（Ⅱ-6章），現在海中林を囲い網で保護する対策しか考えられていない．

　海中林が崩壊し，磯焼けが発生するもっとも重大な要因は栄養塩欠乏であり，それは回復阻害要因でもあることをⅠ-3章で明らかにした．地球温暖化の進行は，海中林が回復できない栄養塩欠乏が長期に持続する事態である．人類の生

存にとって重大な問題が出来している．

　栄養塩欠乏への対策として，海藻が利用可能な無機態の栄養塩を海域に添加し，肥沃化することが考えられる．事実ウニの大量駆除によってフシスジモク海中林を造成した北海道寿都湾では，現在でも大部分磯焼け状態が持続しているが，ヒラメの種苗生産施設が建設された六条地区では施設の排水口付近だけに一見マコンブのようなホソメコンブが水深5mまでに生育している．これまで，沿岸域を肥沃化するために，富栄養な深層水の利用が図られた．今後は，陸と海との健全な循環系を確立することを目的に，農林水畜産廃棄物や生ゴミを計画的に，効率的に利用する技術を構築する必要がある．現在，毎日多量に排出される家畜糞尿や生ゴミなどをメタン発酵させ，エネルギーとして利用するプラントが構築されている．メタン発酵の残渣である消化液は，良質な栄養塩となる．したがって消化液を用いることによって海域の肥沃化を図ることができるのではないか．筆者らは現在，消化液を用いて海中林を造成する試みを北海道日本海と三陸南部沿岸において実施している．このような産業の連関，循環型社会の構築によって海が豊かになり，次いで畜産業も農業も林業も活性化し，地域経済圏が確立することを心から願っている．

文　献

1) 有賀祐勝：資源としての海藻，遺伝，28, 49-54 (1974).

2) A. Fuji and K. Kawamura: Studies on the biology of the sea urchin VIII. Bio-economics of the population of *Strongylocentrotus intermedius* on a rocky shore of southern Hokkaido, *Bull. Japan. Soc. Sci. Fish.*, 36, 763-775 (1970).

3) 中脇利枝・吾妻行雄・谷口和也：女川湾における褐藻マコンブ群落の生活年周期と生産力，水産増殖，49, 439-444 (2001).

4) 吉田忠生：アラメの物質生産に関する2・3の知見，東北水研研報，30, 107-112 (1970).

5) Y. Yokohama, J. Tanaka and M. Chihara: Productivity of the *Eclonia cava* community in a bay of Izu Peninsula on the Pacific coast of Japan, *Bot. Mag., Tokyo*, 100, 129-141 (1987).

6) 谷口和也・山田悦正：能登飯田湾の漸深帯における褐藻ヤツマタモクとノコギリモクの生態，日水研研報，29, 239-253 (1978).

7) N. Murase, H. Kito, Y. Mizukami and M. Maegawa: Productivity of a *Sargassum macrocarpum* (Fucales, Phaeophyta) population in Fukawa Bay, Sea of Japan, *Fish. Sci.*, 66, 270-277 (2000).

8) 谷口和也・山田秀秋：松島湾におけるアカモク群落の周年変化と生産力，東北水研研報，50, 59-65 (1988).

9) 津田藤典・赤池章一：北海道積丹半島西岸におけるフシスジモク群落の生活年周期と

生産力, 水産増殖, **49**, 143-149 (2001).
10) Y.Agatsuma, K.Narita and K. Taniguchi: Annual life cycle and productivity of the brown alga *Sargassum yessoense* off the coast of the Oshika Peninsula, Japan, *Aquaculture Sci.*, **50**, 25-30 (2002).
11) 中林信康・谷口和也:男鹿半島沿岸におけるスギモク群落の季節変化と生産力, 日水誌, **68**, 659-665 (2003).
12) 遠藤吉三郎:海産植物学, 初版. 博文舘, p.748 (1911).
13) 谷口和也:磯焼けを海中林へ—岩礁生態系の世界—, 裳華房, 1988, p.196 (1998).
14) 富士 昭:磯焼け研究の現状, 磯焼けの機構と藻場修復(谷口和也編), 恒星社厚生閣, 1999, pp.9-24.
15) 片田 実・今野敏徳:浅海岩礁植生の遷移, 群落の遷移とその機構(沼田 真編), 朝倉書店, 1977, pp.100-118.
16) 谷口和也・大久保久直:佐渡南東岸における漸深帯海藻群落—特にイシモズクとモク類の分布と底質の安定性との関係—, 日水研研報, **26**, 57-66 (1975).
17) 中林信康・谷口和也:秋田県八森町沿岸における海藻群落の遷移と漂砂の影響, 水産増殖, **51**, 135-140 (2003).
18) 前川行幸:海中林の維持機構, 磯焼けの機構と藻場修復(谷口和也編), 恒星社厚生閣, 1999, pp.38-49.
19) M. Neushul: Functional interpretation of benthic marine algal morphology, Contributions to the Systematics of Benthic Marine Algae of the North Pacific (ed. by I. A. Abbott and M. Kurogi), Jpn. Soc. Phycol., 1972. pp. 44-73.
20) 川尻正博・佐々木正・影山佳之:下田市田牛地先における磯焼け現象とアワビの資源変動, 静岡水試研報, **15**, 19-30 (1981).
21) M. J. Tegner and P. K. Dayton: El Ninõ effects on southern California kelp forest communities, *Advances in Ecological Research*, **17**, 243-279 (1987).
22) 谷口和也・長谷川雅俊:磯焼け対策の課題, 磯焼けの機構と藻場修復(谷口和也編), 恒星社厚生閣, 1999, pp.25-37.
23) K. Taniguchi, K. Kurata, K. Maruzoi and M. Suzuki: Dibromomethane, a chemical inducer on settlement and metamorphosis of the sea urchin larvae, *Fish. Sci.*, **60**, 795-796 (1994).
24) Y. Agatsuma, T. Seki, K. Kurata and K. Taniguchi: Instantaneous effect of dibromomethane on metamorphosis of larvae of the sea urchin *Strongylocentrotus nudus* and *Strongylocentrotus intermedius*, *Aquaculture*, **251**, 549-557 (2006).
25) T. Masaki, D. Fujita and N. T. Hagen: The surface ultrastructure and epithelium shedding of crustose coralline algae in an "Isoyake" area of southwestern Hokkaido, Japan, *Hydrobiologia*, **116/117**, 218-223 (1984).
26) 吾妻行雄:キタムラサキウニの個体群動態に関する生態学的研究, 北水試研報, **51**, 1-66 (1997).
27) M. Sano, M. Omori, K. Taniguchi and T. Seki: Age distribution of the sea urchin *Strongylocentrotus nudus* (A. Agassiz) in relation to algal zonation in a rocky coastal area on Oshika Peninsula, northern Japan, *Fish. Sci.*, **67**, 628-639 (2001).
28) Y. Agatsuma, H. Endo and K. Taniguchi: Inhibitory effect of 2,4-dibromophenol and 2,4,6-tribromophenol on larval survival and metamorphosis of the sea urchin Strongylocentrotus nudus, *Fish. Sci.*, **78**, 837-841 (2008).
29) 鈴木輝明・青山裕晃・畑 恭子:干潟における生物機能の効率化, 生物機能による環境修復—水産におけるBioremediationは可能か—(石田祐三郎・日野明徳編), 恒星社厚生閣, 1996, pp.109-134.

30) K. Taniguchi : Marine afforestation of *Eisenia bicyclis* (Laminariales ; Phaeophyta), *NOAA Tech. Rep. NMFS*, **102**, 47-57 (1991).
31) 關 哲夫：東北地方太平洋沿岸における藻場修復，磯焼けの機構と藻場修復（谷口和也編），恒星社厚生閣，1999, pp. 98-110.
32) 谷口和也・山根英人・佐々木国隆・吾妻行雄・荒川久幸：磯焼け域におけるポーラスコンクリート製海藻礁によるアラメ海中林の造成，日水誌，**67**, 858-865 (2001).

索 引

〈あ行〉

アンモニア　38, 42, 130
閾値　47, 95, 103
磯焼け　34, 49, 65, 81, 93, 107, 126
栄養塩　37, 40, 124, 131
エル・ニーニョ　128
塩分　86
塩分濃度　66, 126
親潮　24, 26, 30, 128

〈か行〉

海況条件　38, 49, 65, 93, 107
海中林　34, 54, 61, 82, 102, 124
回遊　77
化学的防御　67, 129
化学的防御物質　98
攪乱　126, 128
岩礁生態系　57, 104
ギャップ更新　97, 129
境界層　36, 37, 125
黒潮　9, 15, 19, 24, 128
光合成　38, 43, 123
行動生態　70
光量子束密度　38, 125
コンブ目褐藻　34, 54, 62, 97, 107

〈さ行〉

索餌移動　62, 64
サンゴモ　34, 49, 61, 99, 123
ジブロモメタン　49, 99, 129
修復技術　93, 102, 130
循環型社会　132
消化液　132
硝酸　38, 42, 130
植食魚類　70
植食動物　49, 57, 95
植生　82, 108
食性　62, 78, 100
深層水　128
生活形　83, 97, 102, 110, 124

生産量　123
生産力　123
成熟　34, 62, 63, 64
生殖周期　61, 64
生殖巣　110
生殖巣指数　66
成長　34, 38, 43, 110
生物群集　82, 123, 126
摂食　77
摂食圧　65, 95, 131
摂食活動　61
摂食量　77, 78
遷移　82, 99, 102, 107, 131

〈た行〉

帯状構造　62, 99, 100, 107, 125
地球温暖化　18, 94, 104, 128
潮下帯　62, 85, 97, 107, 124
対馬暖流　25, 128
テルペン　57, 97, 131

〈な行〉

流れ藻　67, 80

〈は行〉

光補償点　38, 43
ヒバマタ目褐藻　63, 97, 107
ブロモフェノール　54, 98, 129
変態　49, 54, 99, 129
ポーラスコンクリート　82, 131
ポリフェノール　57, 98, 129

〈ま行〉

メタン発酵　132
藻場　70, 93

〈ら行〉

リン酸　38, 42, 130
レジーム・シフト　24

本書の基礎になったシンポジウム

平成19年度日本水産学会秋季大会
「磯焼けの科学と修復技術」
企画責任者　谷口和也（東北大院農）・嵯峨直恆（北大院水）・
　　　　　　關　哲夫（水研セ東北水研）・武内良雄（北海道水産林務部）・
　　　　　　吾妻行雄（東北大院農）

開会の挨拶	伏谷伸宏（北大院水）
趣旨説明	吾妻行雄（東北大院農）

I．磯焼けの発生機構　　　　　　　　　　　　　座長　嵯峨直恆（北大院水）
　1．黒潮の流型変動が沿岸環境へ与える影響　　　　　秋山秀樹（水研セ中央水研）
　2．三陸・常磐沿岸の親潮・黒潮の動態　　　　　　　平井光行（水研セ東北水研）
　3．海中林の形成に及ぼす環境の影響　　　　　　　　成田美智子（宮城県農林水産部）
　4．植食動物の発生と海藻群落との関係　　　　　　　李　景玉（東北大院農）

II．磯焼けの持続機構　　　　　　　　　　　　　座長　關　哲夫（水研セ東北水研）
　1．海藻群落の構造とウニの生活年周期　　　　　　　吾妻行雄（東北大院農）
　2．植食性魚類の生態　　　　　　　　　　　　　　　山口敦子（長崎大水）
　3．土砂の流入による磯焼けの発生と持続　　　　　　荒川久幸（海洋大海洋環境）

III．磯焼けの修復技術　　　　　　　　　　　　　座長　吾妻行雄（東北大院農）
　1．磯焼けの研究と修復技術の歴史　　　　　　　　　關　哲夫（水研セ東北水研）
　2．磯焼け診断の方法　　　　　　　　　　　　　　　中林信康（秋田水振セ）
　3．磯焼けの原因と修復技術　　　　　　　　　　　　谷口和也（東北大院農）

IV．総合討論　　　　　　　　　　　　　　　　　座長　谷口和也（東北大院農）
　　　　　　　　　　　　　　　　　　　　　　　　　　嵯峨直恆（北大院水）
　　　　　　　　　　　　　　　　　　　　　　　　　　關　哲夫（水研セ東北水研）
　　　　　　　　　　　　　　　　　　　　　　　　　　吾妻行雄（東北大院農）

閉会の挨拶　　　　　　　　　　　　　　　　　　　　　嵯峨直恆（北大院水）

出版委員

稲田博史	岡田　茂	金庭正樹	木村郁夫
里見正隆	佐野光彦	鈴木直樹	瀬川　進
田川正朋	埜澤尚範	深見公雄	

水産学シリーズ〔160〕　　　　　定価はカバーに表示

磯焼けの科学と修復技術
Science and Restoration Technology of Marine Deforestation "Isoyake"

平成20年10月15日発行

編　者　　谷口和也（たにぐち かずや）
　　　　　吾妻行雄（あがつま ゆきお）
　　　　　嵯峨直恆（さが なおつね）

監　修　　社団法人 日本水産学会
　　　　　〒108-8477　東京都港区港南 4-5-7
　　　　　東京海洋大学内

発行所　　〒160-0008
　　　　　東京都新宿区三栄町8
　　　　　Tel 03 (3359) 7371
　　　　　Fax 03 (3359) 7375
　　　　　株式会社 恒星社厚生閣

© 日本水産学会, 2008．印刷・製本　シナノ

好評発売中

水産学シリーズ120
磯焼けの機構と藻場修復
谷口和也 編
A5判・000頁・定価2,625円

漁業不信を招く「磯焼け」．水産業にとってその打開は急務だ．本書は磯焼けを「産業的な現象」と捉えると同時に「生態学的な現象」と規定し，その発生機構の究明ならびに藻場修復のための方途と技術的課題を提起する．谷口和也氏ほか，富士　昭・吾妻行雄・關　哲夫・前川行幸氏らが執筆．

水産学シリーズ156
閉鎖性海域の環境再生
山本民次・古谷　研 編
A5判・166頁・定価2,940円

水質改善のみならず生物の生息環境保全を実現することが閉鎖性海域においては重要な課題となる．東京湾，大阪湾，広島湾など全国9閉鎖性海域を取り上げ，それぞれ進められている再生の取り組みの現状と検証を簡潔に纏め，今後の再生の方向性を多角的に提起．Ⅰ部総論で水圏の物質循環と食物連鎖の関係など基礎的な事柄を解説．

環境配慮・地域特性を生かした
干潟造成法
中村　充・石川公敏 編
B5判・146頁・定価3,150円

生命の宝庫である干潟は年々消失し，「持続的な環境」を構築していく上で，重大問題となっている．そこで今，様々な形で干潟造成事業が進められているが，環境への配慮という点からはまだ不十分だ．本書は，基本的な干潟の機能・役割・構造を解説し，その後環境に配慮した造成企画の立て方，造成の進め方を，実際の事例を挙げ解説．

瀬戸内海を里海に
瀬戸内海研究会議 編
B5判・118頁・定価2,415円

自然再生のための単なる技術論やシステム論ではなく，人と海との新しい共生の仕方を探り，「自然を保全しながら利用する，楽しみながら地元の海を再構築していく」という視点から，瀬戸内海の再生の方途を包括的に提示する．豊饒な瀬戸内海を実現するための核心点を簡潔に纏めた本書は，自然再生を実現していく上でのよき参考書．

魚のあんな話，こんな食べ方
臼井一茂 著
A5判・オールカラー184頁・定価2,415円

深海に住むカニはなぜ赤色？　砂に潜って冬眠する魚は？　イカとタコの吸盤の違いは？　青魚の刺身には山葵？生姜？　81種の魚介類についておもしろい生態，名の由来，食べ方のコツなどを各種見開き2頁オールカラーで紹介．神奈川新聞で好評を得たコラムに加筆し出版．ちょっと魚博士になれて美味しい食べ方も分かる楽しい本．

定価は消費税5％を含む

恒星社厚生閣